中国自动化学会青少年人工智能核心素养测评（AICE）工作组推荐用书
中国自动化学会青少年人工智能创新后备人才培育工程名师工作室项目

青少年人工智能项目式学习教程

高凯　刘希未　等　编著

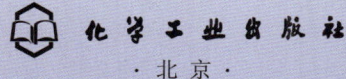

化学工业出版社

·北京·

内容简介

本书基于项目式教学的理念，结合AI教育的实际需求，设计了一系列既有趣又富有挑战性的学习项目。这些项目涵盖了AI的基础概念、编程技巧、机器学习算法以及应用场景等多个方面，旨在通过实践操作和问题解决，帮助青少年全面提升AI素养和综合能力。

本书可供学校及青少年科技教育机构的广大教师及培训从业人员参考，或作为教材使用。本书也可供青少年自学人工智能，希望通过本书的引导和陪伴，青少年能在AI科技的海洋中畅游，不断探索和发现，为未来的学习和职业生涯打下坚实的基础。

图书在版编目（CIP）数据

青少年人工智能项目式学习教程 / 高凯等编著.
北京：化学工业出版社，2025.7. -- ISBN 978-7-122-47966-2

Ⅰ．TP18-49

中国国家版本馆CIP数据核字第2025M4A958号

责任编辑：王清颢　　　　　　　文字编辑：张　琳
责任校对：宋　夏　　　　　　　装帧设计：梧桐影

出版发行：化学工业出版社
　　　　　（北京市东城区青年湖南街13号　邮政编码100011）
印　　装：中煤（北京）印务有限公司
787mm×1092mm　1/16　印张13¼　字数262千字
2025年9月北京第1版第1次印刷

购书咨询：010-64518888　　　　售后服务：010-64518899
网　　址：http://www.cip.com.cn
凡购买本书，如有缺损质量问题，本社销售中心负责调换。

定　　价：79.80元　　　　　　　　版权所有　违者必究

编写人员名单

编委会主任：

高 凯　刘希未

编委会成员（按姓氏拼音排序）：

程雪珂　褚天舒　高 凯　高毓甜　郭晓然　姜孝春

李 诚　刘希未　陆雅楠　邱奕盛　孙 颖　王海涛

吴 培

前言

近年来，人工智能（AI）科技如雨后春笋般迅猛发展，深刻地改变了我们的生产、生活方式，并对全球各行各业产生了深远的影响。从自动驾驶汽车到智能家居，从智能医疗诊断到金融风险评估，AI技术无处不在，不断突破人类的想象边界。这种技术革命不仅引领了科技前沿，也对教育创新和未来人才培养提出了新的挑战。

面对AI时代的浪潮，教育不能再局限于传统的知识传授模式。未来的社会不仅需要掌握扎实基础知识的人才，更需要具备创新思维、问题解决能力和跨学科素养的复合型人才。因此，如何有效地将AI技术融入教育，培养学生新的思维与技能，成了教育工作者和家长共同面临的重大课题。

青少年作为未来社会的主力军，肩负着推动科技进步和社会发展的重任。为了应对AI时代的挑战，他们不仅需要掌握基本的编程和算法知识，更需要具备以下新的思维与技能：

（1）批判性思维：能够独立思考，分析和评估信息，不盲从权威。

（2）创新思维：勇于尝试新思路，提出创新性的解决方案。

（3）跨学科素养：能够整合不同学科的知识，解决复杂问题。

（4）合作与沟通能力：在团队中有效协作，清晰表达自己的想法。

在此背景下，项目式教学（project-based learning, PBL）作为一种以学生为中心的教学模式，显示出其独特的优势和潜力。项目式教学强调学生在真实情境中通过主动探究和合作完成项目来学习知识、提升技能。这种教学模式不仅能够激发学生的学习兴趣，还能培养他们的实践能力、创新思维和团队合作能力。

本书正是基于项目式教学的理念，结合AI教育的实际需求，设计了一系列既有趣又富有挑战性的学习项目。这些项目涵盖了AI的基础概念、编程技巧、机器学习算法以及应用场景等多个方面，旨在通过实践操作和问题解决，帮助青少年全面提升AI素养和综合能力。

我们希望，通过本书的引导和陪伴，青少年能在AI科技的海洋中不断探索、不断发现，为未来的学习和职业生涯打下坚实的基础。让我们携手共进，迎接AI时代的辉煌未来！

编著者

目录

第一篇
人工智能基础

一、人工智能发展简史 … 2
二、重大里程碑事件 … 3
三、智能时代的概念与特征 … 4
四、人工智能技术对教育的影响和挑战 … 5
五、人工智能技术对科学研究的影响和挑战 … 5
六、人工智能技术对社会治理的影响和挑战 … 6
七、人工智能技术的未来发展展望 … 7
八、当前人工智能技术的不足之处 … 7
九、青少年人工智能教育需要考虑哪些因素 … 8
十、如何让青少年学生适应未来高速发展的人工智能科技 … 8
十一、中小学人工智能课程应该如何开展 … 9
十二、结论 … 10

第二篇
人工智能项目实例

实例一　趣味甲骨文学习小游戏　　12

学习活动一：如何训练一个图像分类模型　　14
　　任务一：AI体验之分类模型训练　　14
　　任务二：用EasyTrain训练图像分类模型　　14
　　任务三：用Python代码训练图像分类模型　　15
　　任务四：选择合适的工具训练甲骨文识别模型　　16

学习活动二：如何测试模型并应用模型　　16
　　任务一：用一张新图片测试模型效果　　16
　　任务二：模型测试实验　　17
　　任务三：模型转换和应用实践　　18
　　任务四：设计甲骨文识别模型的应用　　19

学习活动三：如何制作数据集　　19
　　任务一：认识ImageNet格式的数据集　　19
　　任务二：用BaseDT制作数据集　　20
　　任务三：用BaseDT制作甲骨文自制数据集　　20
　　任务四：用自制数据集完成模型训练　　21

学习活动四：趣味甲骨文学习小游戏开发　　21
　　任务一：学习Gradio库的安装和基本使用　　22
　　任务二：用Gradio库搭建简易模型展示系统　　22
　　任务三：构思趣味甲骨文学习小游戏的功能实现　　23
　　任务四：开发趣味甲骨文学习小游戏　　24

实例二　智能设备助力番茄的生长　　　　　　　　　　　　　　25

学习活动一：巧妙解决番茄的土壤灌溉问题　　　　　　　　　26
　　任务一：使用土壤湿度传感器　　　　　　　　　　　　　　26
　　任务二：土壤湿度检测仪的值的获取　　　　　　　　　　　27
　　任务三：寻找土壤湿度检测仪和土壤湿度传感器的值之间的关系　　28
　　任务四：了解番茄苗灌溉设备　　　　　　　　　　　　　　29
　　任务五：利用智能设备设计食物供给单元实验箱　　　　　　30

学习活动二：如何使用摄像头识别番茄苗的病虫害　　　　　　31
　　任务一：辨别番茄健康和非健康的叶子　　　　　　　　　　31
　　任务二：认识机器学习在视频识别过程中的应用　　　　　　32
　　任务三：使用摄像头获取番茄叶子的图像　　　　　　　　　33
　　任务四：使用卷积神经网络模型分析图像　　　　　　　　　35
　　任务五：番茄病虫害的识别应用　　　　　　　　　　　　　37

学习活动三：食物供给单元实验箱赏析　　　　　　　　　　　39

实例三　有趣的掌上游戏机　　　　　　　　　　　　　　　　　40

学习活动一：认识智能开发板，让屏幕亮起来　　　　　　　　41
　　任务一：点亮LED阵列　　　　　　　　　　　　　　　　　41
　　任务二：感知与显示温度　　　　　　　　　　　　　　　　42
　　任务三：使用可编程按钮控制LED　　　　　　　　　　　　43

学习活动二：制作"变量"游戏　　　　　　　　　　　　　　43
　　任务一：制作"剪刀、石头、布"小游戏　　　　　　　　　43
　　任务二：制作联机小游戏　　　　　　　　　　　　　　　　44

学习活动三：制作"接果果"游戏　　　　　　　　　　　　　45
　　任务一：制作移动的"篮子"　　　　　　　　　　　　　　46
　　任务二：制作掉落的"果子"　　　　　　　　　　　　　　47
　　任务三："接果果"游戏实现　　　　　　　　　　　　　　48

学习活动四：使用手势识别让游戏更有趣　　　　　　　　　　49
　　任务一：启动手势识别传感器模块　　　　　　　　　　　　49
　　任务二：制作手势识别"摇骰子"小游戏　　　　　　　　　50

学习活动五：设计掌上游戏机的外观结构　　51
　　任务一：设计掌上游戏机外壳　　51
　　任务二：绘制掌上游戏机外壳工程图　　52
　　任务三：制作、加工、组装掌上游戏机外壳　　53
学习活动六：掌上游戏机作品赏析　　53

实例四　自动驾驶，智慧出行　　54

学习活动一：了解无人驾驶车　　55
　　任务一：了解无人驾驶车的诞生与发展　　55
　　任务二：比较驾驶自动化等级　　56
　　任务三：认识无人驾驶车的组成部分　　56
　　任务四：组装智能小车　　57
学习活动二：智能小车基本运动　　59
　　任务一：智能小车开发环境配置　　59
　　任务二：智能小车电机控制　　60
　　任务三：通过小部件控制智能小车　　62
　　任务四：智能小车遥控　　63
学习活动三：视觉避障　　65
　　任务一：数据采集　　66
　　任务二：模型训练　　68
　　任务三：避障驾驶　　69
学习活动四：智能小车作品赏析　　71

实例五　智能鸟巢项目的设计与制作　　73

学习活动一：如何测量和显示温湿度　　74
　　任务一：测试温湿度传感器　　74
　　任务二：温湿度传感器的测量实践　　75
　　任务三：通过温湿度变化控制LED灯　　75
　　任务四：利用温湿度传感器设计智能鸟巢　　76

学习活动二：如何使用摄像头对特定物体进行识别　　76
　　任务一：使用摄像头标记ID（身份标识）　　77
　　任务二：使用摄像头识别出红色小球后，点亮红色LED灯　　77
　　任务三：使用摄像头进行智能鸟巢的设计　　78
学习活动三：如何使用水位传感器进行水位测量　　78
　　任务一：使用串口显示液面是否达到阈值　　78
　　任务二：判断液面是否达到指定位置　　79
　　任务三：使用水位传感器对智能鸟巢进行设计　　79
学习活动四：如何控制电机的运动　　80
　　任务一：使舵机在0～180°之间转动　　80
　　任务二：控制直流电机转动并调速　　81
　　任务三：使用电机对智能鸟巢进行设计　　81
学习活动五：智能鸟巢的结构设计　　81
　　任务一：学习软件的主要组成部分　　82
　　任务二：学习绘图中的技巧性指令　　82
　　任务三：绘制出零件图形　　83
　　任务四：设计智能鸟巢的结构　　84
学习活动六：智能鸟巢作品赏析　　84

实例六　姿态分类挑战　　88

学习活动一：设计姿态分类的算法　　87
　　任务一：理解分类　　87
　　任务二：分类姿态　　87
　　任务三：设计分类　　90
学习活动二：用Python语言实现姿态分类　　91
　　任务一：认识Python工具　　92
　　任务二：关键点显示　　93
　　任务三：中心化处理　　93
　　任务四：编写函数　　94
　　任务五：姿态分类　　94
　　任务六：姿态拍摄　　95

学习活动三：用机器学习实现姿态分类　　　　　　　　　　　　　　　96
　　任务一：认识机器学习工具　　　　　　　　　　　　　　　　　　　96
　　任务二：分类测试　　　　　　　　　　　　　　　　　　　　　　　97
　　任务三：对比总结　　　　　　　　　　　　　　　　　　　　　　　97

实例七　视力检测小助手项目的设计与制作　　　　　　　　　　　　　　98

学习活动一：如何识别手部动作　　　　　　　　　　　　　　　　　100
　　任务一：了解手势分类　　　　　　　　　　　　　　　　　　　　100
　　任务二：手势分类效果分析　　　　　　　　　　　　　　　　　　100
　　任务三：提升分类识别准确率　　　　　　　　　　　　　　　　　101
　　任务四：利用手部关键点技术设计视力检测小助手　　　　　　　　102

学习活动二：如何获取手部关键点数据　　　　　　　　　　　　　　102
　　任务一：使用XEduHub获取一张图片中的关键点数据　　　　　　102
　　任务二：优化数据采集思路　　　　　　　　　　　　　　　　　　103
　　任务三：使用摄像头对手部关键点画面数据进行采集　　　　　　　104
　　任务四：进一步完善手部关键点数据采集功能　　　　　　　　　　106

学习活动三：如何训练手势动作分类模型　　　　　　　　　　　　　106
　　任务一：拆分数据集为训练集和验证集　　　　　　　　　　　　　106
　　任务二：搭建全连接神经网络并训练模型　　　　　　　　　　　　107
　　任务三：验证模型的效果　　　　　　　　　　　　　　　　　　　107
　　任务四：对最佳模型进行格式转换　　　　　　　　　　　　　　　108
　　任务五：利用训练好的手势分类模型对视力检测小助手进行设计　　110

学习活动四：如何开发用户交互界面　　　　　　　　　　　　　　　110
　　任务一：如何在窗口上显示图标　　　　　　　　　　　　　　　　110
　　任务二：在旁边添加一个位置显示摄像头采集画面　　　　　　　　111
　　任务三：结合推理代码完善用户交互界面　　　　　　　　　　　　112
　　任务四：使用用户交互界面完善视力检测小助手　　　　　　　　　114

学习活动五：视力检测小助手作品赏析　　　　　　　　　　　　　　114

实例八　厨房保卫战项目的设计与制作　　　　　　　　　　　　　　　116

学习活动一：从目标检测技术入手分析厨房保卫战项目　　　　117
　　任务一：学习目标检测技术　　　　　　　　　　　　　　118
　　任务二：拆解厨房保卫战任务　　　　　　　　　　　　　119

学习活动二：体验目标检测模型　　　　　　　　　　　　　　119
　　任务一：回顾目标检测知识点　　　　　　　　　　　　　120
　　任务二：学习XEduHub目标检测代码　　　　　　　　　120
　　任务三：上机实践目标检测代码　　　　　　　　　　　　121

学习活动三：灶台火焰目标检测数据集制作　　　　　　　　　122
　　任务一：认识COCO格式数据集　　　　　　　　　　　122
　　任务二：准备数据　　　　　　　　　　　　　　　　　　123
　　任务三：划分数据　　　　　　　　　　　　　　　　　　124
　　任务四：使用LabelMe对数据集进行标注　　　　　　　125
　　任务五：将标注文件从LabelMe格式转为COCO格式　　125
　　任务六：检查整理COCO数据集　　　　　　　　　　　125

学习活动四：目标检测模型训练　　　　　　　　　　　　　　126
　　任务一：实践模型训练过程　　　　　　　　　　　　　　126
　　任务二：评估模型性能　　　　　　　　　　　　　　　　127

学习活动五：模型转换与推理　　　　　　　　　　　　　　　127
　　任务一：目标检测模型转换　　　　　　　　　　　　　　128
　　任务二：使用XEduHub进行模型推理　　　　　　　　128

学习活动六：模型应用与部署　　　　　　　　　　　　　　　129
　　任务一：实时目标检测　　　　　　　　　　　　　　　　129
　　任务二：设计逻辑代码，实现"看火"功能　　　　　　　130
　　任务三：硬件部署　　　　　　　　　　　　　　　　　　132

学习活动七：厨房保卫战项目展示与评价　　　　　　　　　　133

实例九　AI发芽土豆分拣机项目的设计与制作　　　　　　　　　135

学习活动一：学习图像分类技术　　　　　　　　　　　　　　137
　　任务一：了解图像分类的应用场景　　　　　　　　　　　137
　　任务二：体验图像分类的项目流程　　　　　　　　　　　138

任务三：认识数据集的重要性　　138

学习活动二：数据集制作与优化　　139

　　任务一：明确分类问题需求　　139

　　任务二：数据预处理和划分　　139

　　任务三：数据集的质量优化　　140

学习活动三：理解模型训练算法与算力　　140

　　任务一：选择SOTA模型　　140

　　任务二：实践模型训练过程　　141

　　任务三：评估模型性能　　142

　　任务四：深入理解数据、算法、算力的作用　　142

学习活动四：模型推理与优化　　143

　　任务一：土豆分类模型推理　　143

　　任务二：了解算力对模型训练的影响　　144

　　任务三：预训练模型　　145

　　任务四：进行训练参数的实验　　145

学习活动五：模型转换和AI应用部署　　146

　　任务一：行空板准备　　146

　　任务二：模型转换　　146

　　任务三：行空板部署　　147

　　任务四：屏幕显示图像与文字　　148

学习活动六：多模态交互项目迭代　　149

　　任务一：了解多模态交互概念　　150

　　任务二：设计超声波检测开关　　150

　　任务三：语音输出　　152

　　任务四：外接舵机分拣　　154

学习活动七：AI发芽土豆分拣机项目展示与评价　　156

实例十　口罩检测项目的设计与制作　　157

学习活动一：了解机器学习技术　　158

　　任务一：总结人类与机器的不同之处　　158

　　任务二：比较机器与人类的学习过程　　159

任务三：了解数据与数据集 159

　　任务四：了解机器学习的一般过程 161

学习活动二：口罩检测项目的制作计划与准备 161

　　任务一：制订数据集的初步采集计划 161

　　任务二：学会使用训练工具 161

　　任务三：训练模型，观察测试模型结果 165

学习活动三：自动口罩检测项目的制作 166

　　任务一：口罩数据采集 166

　　任务二：建立口罩检测模型 166

　　任务三：测试口罩检测模型 166

学习活动四：口罩检测项目效果的升级——口罩攻防 167

　　任务一：尝试"骗过"检测器 167

　　任务二：训练能防御各种攻击情况的口罩检测器 167

　　任务三：进行口罩检测器比赛 169

第三篇

人工智能项目实践

项目实践一：使用摄像头进行人脸识别并标记 173

学习活动一：导入项目所需的库 174

学习活动二：加载本地图片 175

学习活动三：探索人脸检测模型 175

学习活动四：检测并标记人脸的图片 176

学习活动五：实现完整的摄像头视频人脸检测 177

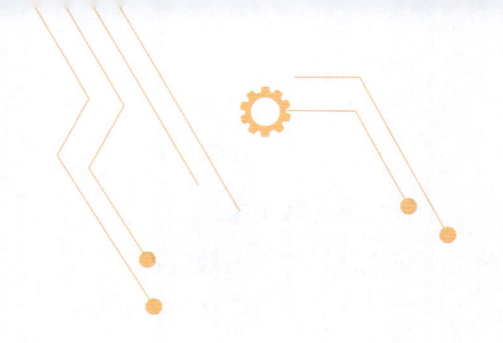

项目实践二：中文分词技术在词云图生成中的应用   178

学习活动一：导入项目所需的库   179
学习活动二：加载文本数据   180
学习活动三：使用中文分词技术对文本进行分词   181
学习活动四：生成词云图   182
学习活动五：优化词云图生成效果   183

项目实践三：使用目标追踪计算单摆实验周期   184

学习活动一：导入项目所需的库，加载单摆视频   185
学习活动二：初始化目标   187
学习活动三：逐帧追踪   188
学习活动四：单摆位置-时间信息可视化   191
学习活动五：计算单摆周期   195

参考文献   198

第一篇

人工智能基础

在当今科技飞速发展的时代，人工智能（artificial intelligence，简称AI）已经成为了引领未来的关键技术之一。从科幻小说中的想象到现实生活中的广泛应用，人工智能正在以惊人的速度改变着我们的世界。它不仅给教育、科学研究、社会治理等领域带来了深刻的影响，也为青少年的成长和未来发展带来了新的机遇和挑战。本篇内容囊括人工智能发展简史、重大里程碑事件、智能时代的概念与特征等，分析人工智能对各个领域的影响和挑战，展望未来发展前景，探讨青少年人工智能教育的相关问题。

一、人工智能发展简史

科技创新多数源于从已知向未知的探索，随着科技发展的深入推进，横空出世或颠覆重建的原始创新越来越难，也越来越少。因为认知的局限性，已知世界或理论体系可能是不全面、不准确甚至是与实际相悖和完全错误的；但也要看到在人类探索未知的最初阶段也可能存在着有价值的假设和预测，即便是现有知识体系的发展演化历程，也会对未知领域的探究方向有着重要的启示与指引。因此，认真审视科学技术的发展史对于科技发展的去伪存真和开拓创新非常重要。人工智能技术的发展历程可以粗略地分为五个阶段。

（1）萌芽期（古代—20世纪50年代）

古代的人工智能思想可以追溯到古希腊神话中的机械人传说。在中国，也有一些关于机械装置的记载，如鲁班制造的木鸟等。19世纪，英国数学家查尔斯·巴贝奇设计了分析机，被认为是现代计算机的先驱，为人工智能的发展奠定了基础。20世纪初，数理逻辑的发展为人工智能提供了理论基础。德国数学家戈特洛布·弗雷格提出了一阶谓词逻辑，为计算机程序设计提供了重要的工具。

（2）诞生期（20世纪50年代—60年代）

1950年，英国数学家艾伦·图灵发表了《计算机器与智能》一文，提出了著名的"图灵测试"，为人工智能的研究提供了一个重要的标准。1956年，在美国达特茅斯学院召开了一次学术会议，标志着人工智能学科的正式诞生。这次会议上，约翰·麦卡锡、马文·明斯基等科学家首次提出了"人工智能"这个术语。

（3）发展期（20世纪60年代—80年代）

这一时期，人工智能研究取得了一些重要的成果。同时，人工智能也面临着一些挑战。由于计算能力的限制和算法的不完善，人工智能的发展陷入了低谷。

（4）繁荣期（20 世纪 90 年代—21 世纪初）

随着计算机技术的飞速发展，人工智能迎来了新的繁荣期。神经网络、遗传算法等新的技术不断涌现，为人工智能的发展提供了新的动力。

1997 年，IBM 的超级计算机"深蓝"战胜了国际象棋世界冠军卡斯帕罗夫，引起了全球的轰动。

（5）爆发期（21 世纪初至今）

近年来，人工智能技术取得了突破性的进展。深度学习、大数据、云计算等技术的结合，使得人工智能在图像识别、语音识别、自然语言处理等领域取得了巨大的成功。人工智能开始广泛应用于各个领域，如医疗、金融、交通、教育等，为人们的生活带来了极大的便利。

二、重大里程碑事件

（1）图灵测试的提出

1950 年，"图灵测试"被艾伦·图灵提出，目的是判断一台计算机是否具有智能。如果一台计算机能够通过图灵测试，那么就可以认为它具有智能。图灵测试的提出为人工智能的研究提供了一个重要的标准，也激发了科学家们对人工智能的研究热情。

（2）达特茅斯会议

1956 年的达特茅斯会议为人工智能的发展奠定了基础，也为后来的人工智能研究提供了一个重要的平台。

（3）专家系统的出现

20 世纪 70 年代，专家系统出现。专家系统是一种基于知识的计算机程序，它能够模拟人类专家的知识和经验，解决特定领域的问题。专家系统的出现使得计算机能够在一些领域中替代人类专家，提高了工作效率和准确性。

（4）深度学习的兴起

2006年，加拿大多伦多大学的杰弗里·辛顿教授提出了深度学习的概念。深度学习是一种基于人工神经网络的机器学习方法，它能够自动学习数据中的特征，提高模型的准确性和泛化能力。

深度学习的兴起使得人工智能在图像识别、语音识别、自然语言处理等领域取得了巨大的成功，也为人工智能的发展带来了新的机遇。

（5）AlphaGo战胜人类围棋冠军

2016年，谷歌的人工智能程序AlphaGo战胜了世界围棋冠军李世石，引起了全球的关注。AlphaGo的胜利标志着人工智能在围棋领域取得了重大突破，也展示了人工智能的强大实力。同时，AlphaGo的胜利也引发了人们对人工智能的思考：人工智能是否会超越人类智能？

三、智能时代的概念与特征

（1）概念

智能时代是指以人工智能技术为核心，推动社会各个领域智能化发展的时代。

（2）特征

① 数据驱动：智能时代是一个数据驱动的时代。大数据的出现为人工智能的发展提供了丰富的数据源，使得人工智能能够通过对大量数据的学习和分析，提高模型的准确性和泛化能力。

② 智能化：智能时代的各个领域都将实现智能化。例如，智能家居、智能交通、智能医疗等，人们的生活将更加便捷和舒适。

③ 人机协同：智能时代是一个人机协同的时代。人工智能将与人类共同工作，发挥各自的优势，提高工作效率和质量。

④ 创新驱动：智能时代是一个创新驱动的时代。人工智能技术的不断创新将推动社会各个领域的发展，创造新的商业模式和就业机会。

四、人工智能技术对教育的影响和挑战

（1）影响

① 个性化学习：人工智能技术可以根据学生的学习情况和特点，为学生提供个性化的学习方案，提高学习效率和质量。

② 智能辅导：人工智能技术可以为学生提供智能辅导，解答学生的问题，帮助学生更好地掌握知识。

③ 教育资源共享：人工智能技术可以实现教育资源的共享，让更多的学生受益。

④ 教育管理智能化：人工智能技术可以实现教育管理的智能化，提高教育管理的效率和质量。

（2）挑战

① 教师角色的转变：人工智能技术的应用将改变教师的角色，教师将从知识的传授者转变为学生学习的引导者和组织者。

② 学生信息安全：人工智能技术的应用将涉及学生的个人信息，如何保障学生的信息安全是一个重要的挑战。

③ 教育公平问题：人工智能技术的应用可能会加剧教育不公平问题，如何让更多的学生受益是一个需要解决的问题。

五、人工智能技术对科学研究的影响和挑战

（1）影响

① 数据处理和分析：人工智能技术可以帮助科学家处理和分析大量的数据，提高科学研究的效率和质量。

② 模拟和预测：人工智能技术可以模拟和预测自然现象和社会现象，为科学研究提供新的思路和方法。

③ 跨学科研究：人工智能技术的应用将促进跨学科研究的发展，打破学科之间的界限。

（2）挑战

① 数据质量和可靠性：人工智能技术的应用依赖于数据的质量和可靠性，如果数据存在问题，可能会影响科学研究的结果。

② 伦理和法律问题：人工智能技术的应用可能会涉及伦理和法律问题，如人工智能的责任问题、数据隐私问题等。

③ 人才短缺：人工智能技术的应用需要具备相关专业知识的人才，目前人才短缺是一个重要的挑战。

六、人工智能技术对社会治理的影响和挑战

（1）影响

① 智能决策：人工智能技术可以为政府决策提供科学依据，提高决策的准确性和效率。

② 社会治安管理：人工智能技术可以用于社会治安管理，如人脸识别、视频监控等，提高社会治安管理的水平。

③ 公共服务智能化：人工智能技术可以实现公共服务的智能化，如智能交通、智能医疗等，提高公共服务的质量和效率。

（2）挑战

① 数据安全和隐私保护：人工智能技术的应用将涉及大量的数据，如何保障数据的安全和隐私是一个重要的挑战。

② 社会公平问题：人工智能技术的应用可能会加剧社会不公平问题，如数字鸿沟问题、就业问题等。

③ 伦理和法律问题：人工智能技术的应用可能会涉及伦理和法律问题，如人工智能的道德责任问题、人工智能的法律地位问题等。

七、人工智能技术的未来发展展望

（1）技术发展趋势

① 深度学习的进一步发展：深度学习将继续发展，不断提高模型的准确性和泛化能力。
② 强化学习的应用：强化学习将在更多的领域得到应用，如机器人控制、游戏等。
③ 多模态融合：人工智能技术将实现多模态融合，如语音、图像、文本等多种模态的融合，提高人工智能的感知和理解能力。
④ 量子计算与人工智能的结合：量子计算将与人工智能结合，为人工智能的发展提供更强大的计算能力。

（2）应用领域拓展

① 医疗领域：人工智能将在医疗领域得到更广泛的应用，如疾病诊断、治疗方案制订、药物研发等。
② 金融领域：人工智能将在金融领域得到更广泛的应用，如风险评估、投资决策、客户服务等。
③ 交通领域：人工智能将在交通领域得到更广泛的应用，如智能交通系统、自动驾驶等。
④ 教育领域：人工智能将在教育领域得到更广泛的应用，如个性化学习、智能辅导、教育管理等。

八、当前人工智能技术的不足之处

① 数据依赖：人工智能技术的应用依赖于大量的数据，如果数据质量不高或者数据不足，可能会影响人工智能的性能。
② 缺乏可解释性：人工智能技术的决策过程往往是"黑箱"操作，缺乏可解释性，这给人们带来了一定的担忧。
③ 伦理和法律问题：如前所述，目前还没有完善的解决方案。

④ 安全性问题：人工智能技术的应用可能会带来安全风险，如黑客攻击、恶意软件等，需要加强安全防护。

九、青少年人工智能教育需要考虑哪些因素

① 学生的年龄和认知水平：不同年龄段的学生具有不同的认知水平和学习能力，需要根据学生的年龄和认知水平设计合适的人工智能教育课程。

② 教育目标和内容：人工智能教育的目标是培养学生的人工智能素养和创新能力，需要根据教育目标和内容选择合适的教学方法和教学资源。

③ 教学方法和手段：人工智能教育需要采用多样化的教学方法和手段，如项目式学习、探究式学习、实践教学等，提高学生的学习兴趣和参与度。

④ 师资队伍建设：人工智能教育需要具备专业知识和教学能力的师资队伍，需要加强师资队伍建设，提高教师的人工智能素养和教学水平。

十、如何让青少年学生适应未来高速发展的人工智能科技

① 提高学生的信息素养：信息素养是适应未来高速发展的人工智能科技的基础。学校和家庭应该加强学生的信息素养教育，提高学生的信息获取、分析、评价和利用能力。

② 培养学生的计算思维：计算思维是指运用计算机科学的基础概念进行问题求解、系统设计以及人类行为理解等涵盖计算机科学之广度的一系列思维活动。培养学生的计算思维可以帮助学生更好地理解和应用人工智能技术。

③ 培养学生的创新思维：创新思维是指在思考问题和解决问题的过程中，能够突破传统思维的束缚，提出新颖的观点和方法的思维方式。培养学生的创新思维可以帮助学生在人工智能领域中不断创新和发展。

④ 培养学生的合作能力：合作能力是指在团队合作中，能够与他人有效地沟通、协调，共同完成任务的能力。培养学生的合作能力可以帮助学生在人工智能领域中更好地与他人合作，共同推动人工智能技术的发展。

⑤ 培养学生的伦理道德意识：伦理道德意识是指在使用人工智能技术的过程中，能

够遵守伦理道德规范，尊重他人的权利和利益，不进行违法和不道德的行为的意识。培养学生的伦理道德意识可以帮助学生在人工智能领域中正确使用人工智能技术，避免出现伦理道德问题。

十一、中小学人工智能课程应该如何开展

（1）课程目标

① 培养学生的人工智能素养，包括对人工智能的基本概念、原理和应用的了解。
② 培养学生的计算思维、创新思维和合作能力。
③ 培养学生的伦理道德意识，使其能够正确使用人工智能技术。

（2）课程内容

① 人工智能基础知识：包括人工智能的定义、发展历程、应用领域等。
② 编程基础：包括编程语言、算法、数据结构等。
③ 人工智能应用：包括图像识别、语音识别、自然语言处理等。
④ 项目实践：通过项目实践，让学生将所学的知识应用到实际中，提高学生的实践能力和创新能力。

（3）教学方法

① 项目式教学：通过项目实践，学生在实际操作中学习人工智能知识和技能。
② 探究式教学：通过探究问题，学生自主学习人工智能知识和技能。
③ 实践教学：通过实践操作，学生亲身体验人工智能技术的应用。

（4）教学资源

① 教材：选择适合中小学生的人工智能教材。
② 教具：如机器人、传感器等，让学生更好地理解人工智能技术。
③ 在线资源：如在线课程、教学视频等，让学生能够随时随地学习人工智能知识。

十二、结论

　　人工智能作为一项引领未来的关键技术，正在深刻地改变着我们的世界。在智能时代，我们需要充分认识人工智能的发展历程、重大里程碑事件、概念与特征，以及人工智能给教育、科学研究、社会治理等领域带来的影响和挑战。同时，我们也需要关注人工智能技术的未来发展、当前的不足之处，以及青少年人工智能教育的相关问题。加强青少年人工智能教育，可以培养学生的创新能力、信息素养、合作能力和伦理道德意识等，让他们更好地适应未来高速发展的人工智能科技。中小学人工智能课程的开展应该注重课程目标、内容、教学方法和教学资源的选择，为学生提供一个良好的学习环境。相信在不久的将来，人工智能将为我们的生活带来更多的便利和惊喜。

第二篇

人工智能项目实例

实例一

趣味甲骨文学习小游戏

现代科技的快速发展容易导致传统文化被边缘化，而甲骨文作为古老的汉字书写形式，其独特魅力和文化价值不应被遗忘。经调研，近年来甲骨文相关的小视频一度非常火爆，但这类视频大多是将甲骨文做成动画或表情包，创意比较单一。

本实例是制作一个凸显互动性的学习小游戏，参与者在网页上以"涂鸦"的形式书写甲骨文，系统则给出评价。游戏能给参与者提供更加直观、生动的学习体验，使参与者在感受甲骨文的独特魅力的同时，体验AI图像分类技术的神奇。

思维导图

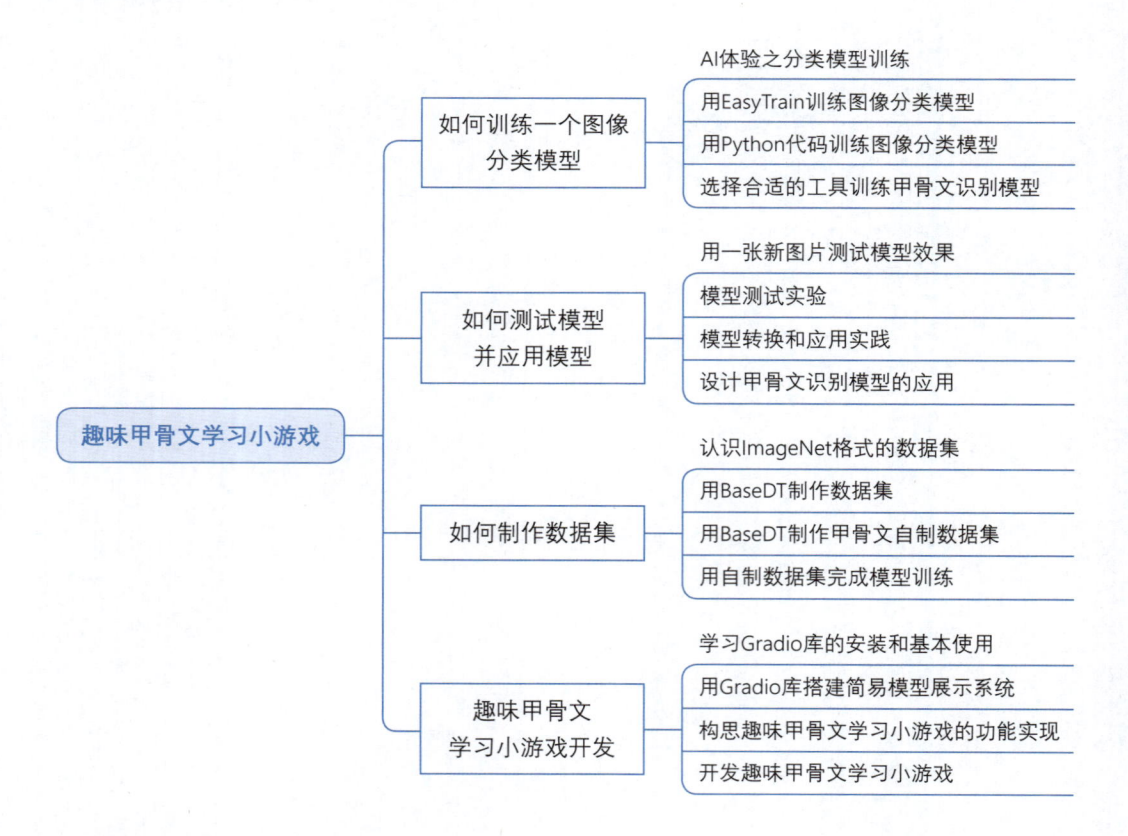

趣味甲骨文学习小游戏

- 如何训练一个图像分类模型
  - AI体验之分类模型训练
  - 用EasyTrain训练图像分类模型
  - 用Python代码训练图像分类模型
  - 选择合适的工具训练甲骨文识别模型
- 如何测试模型并应用模型
  - 用一张新图片测试模型效果
  - 模型测试实验
  - 模型转换和应用实践
  - 设计甲骨文识别模型的应用
- 如何制作数据集
  - 认识ImageNet格式的数据集
  - 用BaseDT制作数据集
  - 用BaseDT制作甲骨文自制数据集
  - 用自制数据集完成模型训练
- 趣味甲骨文学习小游戏开发
  - 学习Gradio库的安装和基本使用
  - 用Gradio库搭建简易模型展示系统
  - 构思趣味甲骨文学习小游戏的功能实现
  - 开发趣味甲骨文学习小游戏

发现与思考

① 学生通过查阅资料，了解甲骨文的历史背景及其在古代社会中的应用，尝试将自己感兴趣的甲骨文字符画出来。

② 学生利用互联网查阅资料，搜索并了解一下目前有哪些人工智能（AI）助力传统文化传播的案例，案例都使用了什么AI技术，完成表2-1-1。

表2-1-1 案例记录表

应用案例	涉及的AI技术

③ 学生思考能否结合图像分类技术创建一个有趣的"甲骨文学习"小游戏，核心是通过图像分类技术来识别不同的甲骨文字符。让学生设计这个甲骨文小游戏的功能，包括输入、处理和输出等环节，填写表2-1-2。可参照图2-1-1所示的模式。

图2-1-1 游戏示例

表2-1-2 游戏设计表

环节	功能设计
输入	
处理	
输出	
界面	

任务与实践

学习活动 一 如何训练一个图像分类模型

在已知数据中学习规律，叫作模型训练。在本活动中，给学生介绍如何训练一个图像分类模型，让学生体验使用不同的工具训练模型，在学习的过程中引导学生思考如何训练一个甲骨文字符识别模型，进而完成甲骨文学习小游戏的AI模型。

任务一 AI体验之分类模型训练

在此使用上海人工智能实验室浦育团队开发的浦育平台的前端化训练工具，简单体验图像分类模型的训练。此工具支持摄像头拍照或以上传文件形式准备数据集，定义好图像类别，准备好数据，即可点击"开始训练"按钮，一键开始训练，训练好模型后可以在线简单测试，如图2-1-2所示。

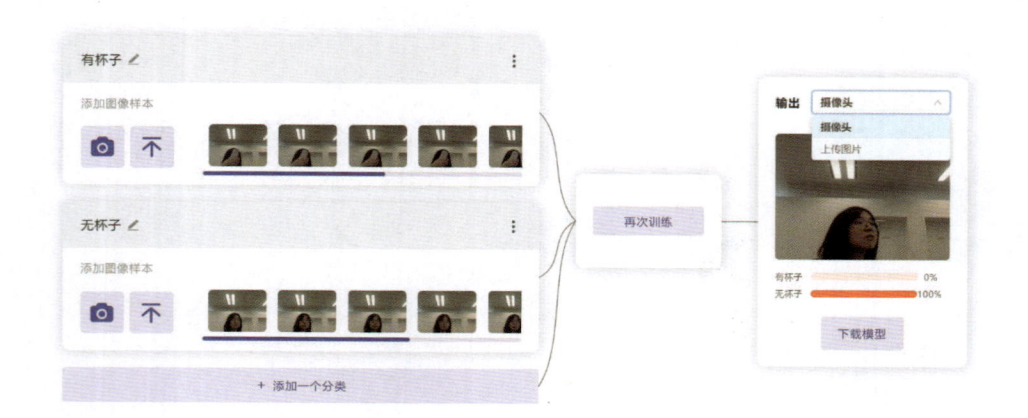

图2-1-2 模型训练

任务二 用EasyTrain训练图像分类模型

让学生使用XEdu工具集的无代码训练工具EasyTrain体验模型训练。比起任务一的训练，虽然都是无代码，但是此任务涉及的训练流程更加清晰，包括任务选择、模型选择、数据集选择、参数设置、开始训练等操作。

学生参照界面的文字说明完成体验，并将各环节记录在表2-1-3中。

表2-1-3 模型训练记录表

环节	记录	提示
任务选择		针对图像分类模型训练选择分类任务
模型选择		
数据集选择		选择默认数据集即可
参数设置		必须设置数据集的类别数量（和数据集一致），其他自行设置
开始训练		
最佳准确率		

训练好的模型权重文件保存在XEdu/my_checkpoints中，每次训练都会生成一个文件夹，可以通过文件夹名称上的日期时间找到对应的模型。

任务三　用Python代码训练图像分类模型

深度学习的开发工具有很多，借助XEdu工具集的计算机视觉库MMEdu仅需6行代码即可完成模型训练，训练模型的Python代码如下所示：

```python
#导入库，从MMEdu导入分类模块，简称cls
from MMEdu import MMClassification as cls
'''实例化模型，网络名称为"LeNet",还可以选择
"MobileNet""ResNet18""ResNet50"等'''
model=cls(backbone='LeNet')
#指定图片的类别数量
model.num_classes=2
#指定数据集的路径
model.load_dataset(path='/data/JH3JKA/Oracle_Bone_Characters_dataset')
#指定保存模型配置文件和权重文件的路径
model.save_fold='checkpoints/my_model/Oracle'
#开始训练，轮次为20，"validate=True"表示每轮训练后，在验证集上测试一次准确率
model.train(epochs=20,validate=True)
```

运行训练代码时输出项里会出现学习率lr、所用时间time、损失loss，以及每一轮在验证集上的accuracy_top-××等。MMEdu支持选择LeNet、MobileNet、ResNet18、ResNet50等模型，LeNet是一种简单的深度卷积神经网络，其具有参数量少、计算小、训练模型很快、确定层数少、不能充分学习数据的特征。LeNet比较适合图像比较简单的图像分类，通常像素值超过224的图片或者彩色图片分类建议选择MobileNet和ResNet。

训练好的模型权重文件保存在指定的模型保存路径下。可以很快找到保存的最佳准确率的模型权重文件，是MMEdu工具的优势。

任务四　选择合适的工具训练甲骨文识别模型

借助XEdu的计算机视觉库MMEdu仅需6行代码即可完成模型训练，XEdu的无代码训练工具EasyTrain、浦育平台的前端化训练工具更是直接为用户提供了无代码训练的方式。让学生思考如何选择合适的工具训练甲骨文识别模型，并写出自己的选择和理由。

学习活动　二　如何测试模型并应用模型

当模型训练好之后，就要考虑如何应用这个模型来解决问题。首先涉及模型推理，将新的问题输入模型中得出结果，叫作模型推理。至于模型应用，其实就是代码编写的事情了，想设置什么样的输入、输出，都可以用Python代码实现。本活动中，带学生用Python代码测试一下MMEdu工具训练的模型，再带学生完成简单应用。

任务一　用一张新图片测试模型效果

准备好一张新图片，制订好图片路径，再指定训练的模型权重文件，可以直接指定训练时生成的最佳准确率权重文件，配合该模型权重文件还需要设置实例化模型的模型，训练时设置哪个模型推理时就选择哪个就可以。

MMEdu模型推理的代码也非常简单，示例代码如下。

```
fromMMEduimportMMClassificationascls#导入模块
#指定一张图片
img='img_142.jpg'
```

```
#实例化模型,网络名称为"LeNet"
model=cls(backbone='LeNet')
#指定权重文件的路径,指定训练过程中生成的最佳准确率对应的权重文件
checkpoint='checkpoints/my_model/Oracle/best_accuracy_top-1_
epoch_11.pth'
#推理,"show=True"表示弹出识别结果窗口
result=model.inference(image=img,show=True,checkpoint=checkpoint)
#输出结果,将inference函数输出的结果修饰后输出具体信息,结果会出现在项目文
件的"cls_result"文件夹中
model.print_result(result)
```

运行上面的代码,输出结果如图2-1-3所示。图中输出了分类结果,且可视化呈现了一张推理结果图。

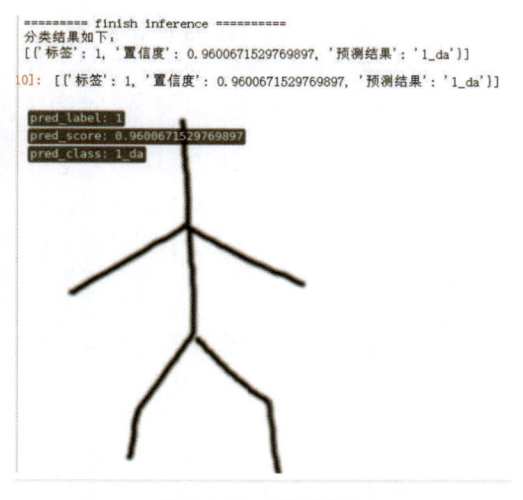

图2-1-3 输出结果

任务二 模型测试实验

检测模型效果最简便的方式,便是结合模型推理的代码,指定自己的图片进行效果检测,完成记录。

实验内容:通过指定图片,使用训练好的模型进行预测,以此来检测和理解模型的效果和性能,记录在表2-1-4中。

实验准备:训练好的模型、测试图片、模型推理代码、计算机。

表2-1-4 模型测试记录表

步骤	记录
指定一张图片	
实例化模型并指定模型权重文件	
模型推理	
结果记录和分析	通过实验，我对（　）张图片进行了推理，其中正确（　）张，错误（　）张，正确率为（　）
结论	我想，错误的原因可能是：

任务三　模型转换和应用实践

模型推理的代码还需要借助MMEdu库，这个库的安装其实没有那么方便，需要很多依赖库的配合，对于模型应用也不是很方便。其实还有比较便捷的方式，那就是使用模型转换，MMEdu内置了一个模型转换函数，使用代码如下。

```
from MMEdu import MMClassification as cls
model=cls(backbone='LeNet')
checkpoint='checkpoints/my_model/Oracle/best_accuracy_top-1_epoch_11.pth'
out_file='Oracle.onnx'
model.convert(checkpoint=checkpoint,out_file=out_file)
```

转换后简单应用的代码：

```
from XEdu.hub import Workflow as wf
#声明模型
my_cls=wf(task='MMEdu',checkpoint='Oracle.onnx')
#模型推理
result,image=my_cls.inference(data='/data/JH3JKA/Oracle_Bone_Characters_dataset/test_set/0_ren/img_103.jpg',img_type='cv2')
#展示结果文件
my_cls.show(image)
#结果输出
re=my_cls.format_output(lang="zh")
```

需要配置两个信息：待转换的模型权重文件（checkpoint）和输出的文件（out_file）。待转换的模型权重文件就是训练的模型，配合该模型权重文件还需要设置实例化模型的模型，输出文件就是转换后的模型。

> **任务四** 设计甲骨文识别模型的应用

借助上个任务完成模型推理的代码，相信学生已经跃跃欲试，想去尝试自己的模型了。在这个任务中，可以引导学生结合XEduHub完成简单模型应用的设计，写出自己的设计思路。

学习活动 三　如何制作数据集

合适的数据集是机器学习任务成功的关键，数据集的质量会直接影响到模型的性能。本活动中，学生需要完成自己的数据集制作，并尝试用所学知识，基于自己制作的数据集完成模型训练。

> **任务一** 认识ImageNet格式的数据集

不同的AI开发工具或框架对数据集格式有不同的要求，用于图像分类的数据集格式中比较常用的是ImageNet。ImageNet的机制是提供统一的数据集，让不同算法进行比较。ImageNet提供的数据集拥有超过1500万张的图片，约2.2万种类别，其格式也逐步发展为一种通用的图像分类数据集标准。

ImageNet格式的数据集一般包含三个文件夹和三个文本文件。如图2-1-4所示，不同类别图片按照文件夹分门别类排好，通过training_set、val_set、test_set区分训练集、验证集和测试集。文本文件classes.txt说明类别名称与序号的对应关系，val.txt说明验证集图片路径与类别序号的对应关系，test.txt说明测试集图片路径与类别序号的对应关系。

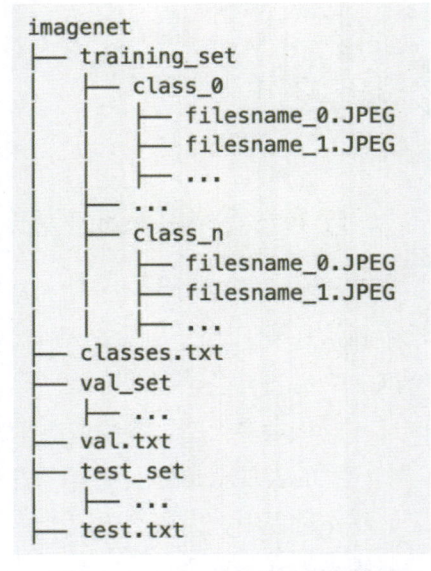

```
imagenet
├── training_set
│   ├── class_0
│   │   ├── filename_0.JPEG
│   │   ├── filename_1.JPEG
│   │   └── ...
│   ├── ...
│   ├── class_n
│   │   ├── filename_0.JPEG
│   │   ├── filename_1.JPEG
│   │   └── ...
├── classes.txt
├── val_set
│   └── ...
├── val.txt
├── test_set
│   └── ...
└── test.txt
```

图2-1-4　ImageNet格式的数据集

任务二　用BaseDT制作数据集

借助XEdu工具集的数据处理库BaseDT可以完成各种数据集的制作，包括ImageNet格式数据集的制作，步骤如下。

（1）第一步：整理图片

根据自己的需求准备整理图片。

首先新建一个images文件夹用于存放图片，然后开始采集图片，可以用任何设备拍摄图像，也可以从视频中抽取帧图像，需要注意，这些图像可以被划分为多个类别。每个类别建立一个文件夹，文件夹名称为类别名称，将图片放在对应类别的文件夹中。

（2）第二步：制作类别说明文件

在images文件夹同级目录下新建一个文本文件classes.txt，将类别名称写入。

（3）第三步：生成数据集

须设置前面准备的文件夹路径，以及划分比例，并指定好生成的ImageNet格式数据集的路径。

```
from BaseDT.dataset import DataSet
ds=DataSet(r'my_clsdataset') #指定为生成数据集的路径
#默认比例为train_ratio=0.7,test_ratio=0.1,val_ratio=0.2
ds.make_dataset(r'my_data',src_format='IMAGENET',train_ratio=0.8,test_ratio=0.1,val_ratio=0.1) #指定原始数据集的路径，数据集格式选择IMAGENET
```

任务三　用BaseDT制作甲骨文自制数据集

前面介绍了要制作一个什么样的数据集和用BaseDT完成数据集制作等内容，下面让学生确认好要训练的甲骨文识别模型能识别哪些字符，然后准备好图片。图片准备可以结合网上采集和自己绘制两种途径。许多人关心的问题是："需要多少图片？"以及"图片的尺寸应该是多大？"答案取决于所期望的模型识别精度。一般来说，数据越丰富、越多样，模型的表现就越好。

制作过程中，完成简单记录。

我要收集的甲骨文字符是：＿＿＿＿＿＿＿；

我设置的标签是：0—_____，1—_____，2—_____；
我计划做的数据集每个类别（　　）张。
制作过程记录在表2-1-5中。

表2-1-5　制作过程记录表

环节	记录
采集并整理图片	
制作类别说明文件	
生成数据集	
检查数据集	

任务四　用自制数据集完成模型训练

请学生使用自己制作的甲骨文数据集进行模型训练，并完成简单记录，填写表2-1-6。

表2-1-6　模型训练记录表

环节	记录
数据说明	数据描述： 包含（　　）组字符图像，分别为：_____ 文件结构： training_set：每组包含（　　）张图片，共（　　）张照片； val_set：每组包含（　　）张图片，共（　　）张照片； test_set：每组包含（　　）张图片，共（　　）张照片 数据集标签说明：
模型训练	
测试与优化	
应用	

学习活动　四　趣味甲骨文学习小游戏开发

在前面的"发现与思考"中，已经引导学生提出对甲骨文小游戏功能设计的想法。在这个任务中，可以引导学生根据自己提出的想法完成功能实现和开发。

任务一　学习Gradio库的安装和基本使用

Gradio是一个开源的Python库，用于构建机器学习、数据科学演示或者Web应用的程序。使用Gradio，用户可以快速为机器学习模型或数据科学工作流创建一个漂亮的Web交互界面，让用户可以在浏览器上执行输入文本、上传图像和录制声音等操作，与演示程序进行交互。

学生体验几种基本使用并完成记录，填写表2-1-7。

表2-1-7　使用记录表

环节	记录
修改输入	
修改输出	
修改关联的函数	

任务二　用Gradio库搭建简易模型展示系统

根据前面的任务，学生已经感受到借助Gradio可以修改各种输入、输出，用Gradio库搭建简易模型展示系统也不是一件难事，比如可以编写一段输入图片、输出推理结果的交互界面的代码。

```python
import gradio as gr
from XEdu.hub import Workflow as wf
my_cls=wf(task='MMEdu',checkpoint='Oracle.onnx')

def predict(img):
    result=my_cls.inference(data=img)
    result=my_cls.format_output(lang='zh')
    return str(result)

image=gr.Image(type='filepath')
demo=gr.Interface(fn=predict,inputs=image,outputs='text')
demo.launch(share=True)
```

运行结果如图2-1-5所示。

图2-1-5　运行结果

学生使用上面的代码，将模型指定为自己训练并转换的模型，完成测试，再尝试对输入、输出做一些修改，制作一个简易的模型展示系统，并填写表2-1-8。

表2-1-8　测试与修改记录表

环节	记录
实现提交一张图片输出预测结果	
修改输入	
修改输出	
最终实现效果	

任务三　构思趣味甲骨文学习小游戏的功能实现

学生查询Gradio教程，并结合自己设计的甲骨文学习小游戏的输入、输出等功能，将其实现方式记录在表2-1-9中。

表2-1-9　功能实现记录表

我要实现的功能	实现方式

任务四　开发趣味甲骨文学习小游戏

学生结合对甲骨文学习小游戏的设计，使用前面活动训练的模型、掌握的模型应用的方法，再结合本活动学习的Gradio的功能，完成一款简易的趣味甲骨文学习小游戏的开发。

展示与反思

思考并回答如下问题：

① 在你的项目制作过程中，遇到了哪些问题？你是如何解决的？通过问题的解决你获取了哪些经验？

② 你的作品中使用了哪些核心技术？这些技术还可以应用到哪些领域来解决新的问题？

③ 你认为你的作品还有哪些功能不够完善？请写出你的改进方案。

实例二

智能设备助力番茄的生长

2020年7月23日，我国的天问一号探测器启程前往火星。2021年5月15日，天问一号登陆火星，开始进行火星探测任务。

火星与地球的距离非常遥远，火星表面大气以二氧化碳为主，火星表面遍布撞击坑、峡谷、沙丘和砾石，没有稳定的液态水。如果人类想在火星生活，一个最现实也最紧迫的问题是如何保证航天员长期驻留所需的食物、氧气和水等生存必需品的持续供应。目前，国际上认为建立生物再生生命保障系统是解决这一难题的根本出路。该系统主要通过植物的合成作用和微生物的分解作用所构成的食物生态链关系，来实现食物、氧气和水的持续再生与供应。具体实现方式为研发关于智能控制的火星基地食物供给单元实验箱，把智能设备安装到食物供给单元实验箱中，解决上述的问题。食物供给单元实验箱中食物种类多、任务杂，此实例中以番茄为例，大家来思考如何通过智能设备助力番茄的生长，使用的工具为Arduino控制器和mixly控制软件。

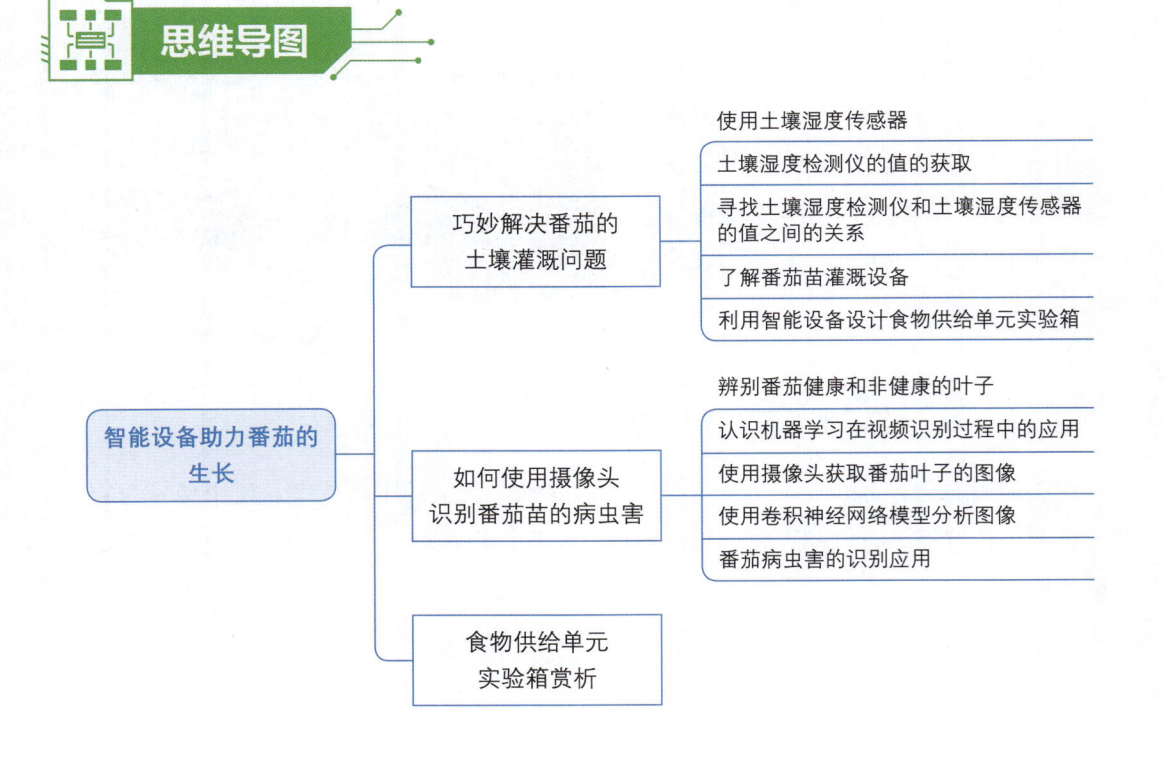

思维导图

- **智能设备助力番茄的生长**
  - **巧妙解决番茄的土壤灌溉问题**
    - 使用土壤湿度传感器
    - 土壤湿度检测仪的值的获取
    - 寻找土壤湿度检测仪和土壤湿度传感器的值之间的关系
    - 了解番茄苗灌溉设备
    - 利用智能设备设计食物供给单元实验箱
  - **如何使用摄像头识别番茄苗的病虫害**
    - 辨别番茄健康和非健康的叶子
    - 认识机器学习在视频识别过程中的应用
    - 使用摄像头获取番茄叶子的图像
    - 使用卷积神经网络模型分析图像
    - 番茄病虫害的识别应用
  - **食物供给单元实验箱赏析**

发现与思考

① 学生通过查阅资料，了解火星上食物供给单元实验箱的外观，尝试将自己认为的外观以草图的方式画出来。

② 学生利用互联网查阅资料，搜索并了解目前有哪些智能设备应用到供给单元实验箱中，用思维导图的方式将其表示出来。

③ 学生思考供给单元实验箱还有哪些功能不够完善，如何通过增加智能设备的方式提升它的功能，可以在图2-2-1中标记出来。

④ 学生思考植物的生长需要哪些环境条件。

图2-2-1 食物供给单元实验箱

任务与实践

学习活动 一 巧妙解决番茄的土壤灌溉问题

番茄的生长是需要特定的土壤湿度的，为16.03%～16.61%。在本活动中给学生介绍土壤湿度传感器，如图2-2-2所示。学生思考如何将土壤湿度传感器应用到供给单元实验箱中，助力番茄的生长。

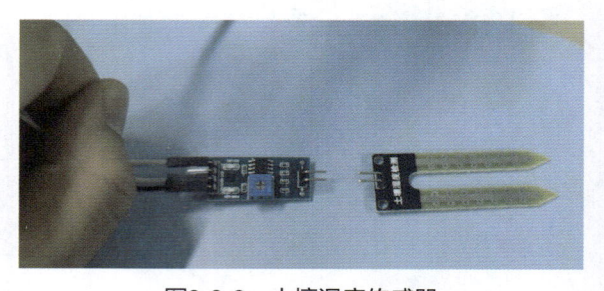

图2-2-2 土壤湿度传感器

任务一 使用土壤湿度传感器

建立如表2-2-1所示的记录表，学生测量水量从小到大的土壤湿度。使用型号为YL-69的土壤湿度传感器进行检测，将正负极和信号极进行连接后，通过串口通信的方式完成传感器数值的读取，如图2-2-3所示。

表2-2-1 土壤湿度记录表

测量次数	番茄苗的灌溉量（水）/mL	传感器数值
1	10	
2	30	
3	50	
4	70	
5	90	
……	……	

图2-2-3 串口获取数据

任务二 土壤湿度检测仪的值的获取

土壤湿度检测仪如图2-2-4所示。使用检测仪获取检测数值，完成表2-2-2。

图2-2-4 土壤湿度检测仪

表2-2-2 土壤湿度检测仪记录表

测量次数	番茄苗的灌溉量（水）/mL	检测仪数值
1	10	
2	30	
3	50	
4	70	
5	90	
……	……	

任务三 寻找土壤湿度检测仪和土壤湿度传感器的值之间的关系

请学生填写表2-2-3，观察数据关系。

表2-2-3 土壤湿度传感器和检测仪的数据关系

仪器	第1组	第2组	第3组	第4组	第5组	第6组	第7组	第8组
检测仪								
传感器								

标定位置：土壤湿度传感器和土壤湿度检测仪测量土壤的位置要相同，用红线进行标定。要尽量保持在相同条件下进行测量，以减少影响数据变化的因素，保证核心参数。

学生采集的是个别数据，较难找到规律，教师可通过大量的数据记录，引导学生总结出曲线的规律。数据不能完全使用，因为会有一些误差，但是能让学生感受到采集和记录数据的过程。

下面使用Excel软件建立数学模型，得出土壤湿度传感器的数值、对应的检测仪的值（表2-2-4）。测试点越多，得到的公式越准确，越能保证实验的科学性和严谨性。

表2-2-4 土壤湿度传感器和检测仪的数值

仪器	第1组	第2组	第3组	第4组	第5组	第6组	第7组	第8组
检测仪	0.052	0.064	0.118	0.141	0.174	0.198	0.234	0.254
传感器	536	434	320	304	263	244	243	207

通过Excel制作图表和拟合函数，如图2-2-5所示。

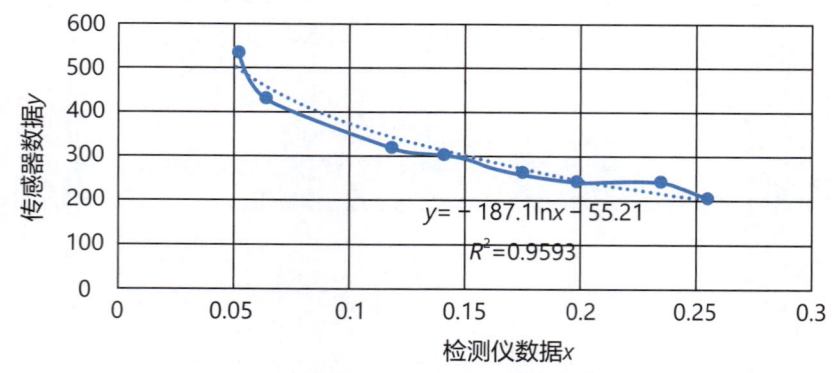

$y = -187.1 \ln x - 55.21$

$R^2 = 0.9593$

图2-2-5 土壤湿度传感器和检测仪的拟合图像

R^2—决定系数，衡量模型对数据的拟合程度该函数是一个减函数，y随着x的增加而减小。R^2的值越接近1，那么这个函数曲线误差越小。

函数建立过程中，学生会遇到不同图形问题，因为在测量中会出现偶然误差和系统误差，偶然误差产生于人为的原因和位置的选取不同，而系统误差产生于各个设备的不同，有些会出现一些瓶颈，大趋势和走向基本一致就可以了。可以根据数学公式计算，真实数据（大量重复实验得来）减去测量数据的绝对值，再除以真实数据，小于10%就是被认可的。

根据番茄的特点，土壤湿度传感器测得的数据约为281。下面就要用程序来解决灌溉问题。

任务四　了解番茄苗灌溉设备

学生思考番茄苗灌溉需要哪些设备，并画出设备连接图。

Arduino主板、电机驱动板、IO扩展板、水泵等能实现灌溉功能，程序设计参考如图2-2-6及图2-2-7所示。

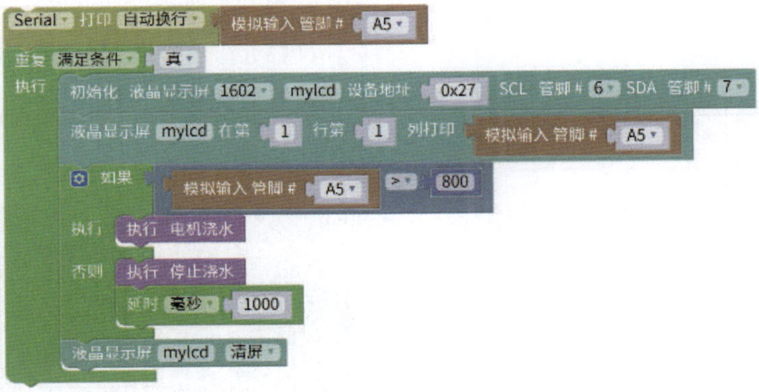

图2-2-6　主程序设计

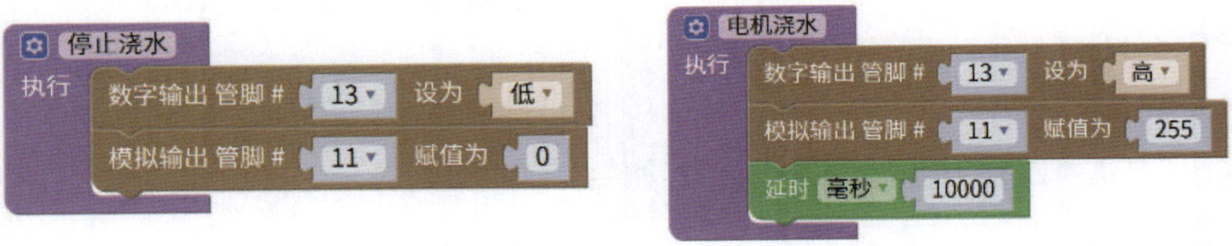

图2-2-7　电机驱动程序设计

显示器模块时时刻刻显示土壤湿度的值，达到临界值的时候开始启动水泵，水泵启动时间为10秒，可以根据进水量进行调控。实物展示如表2-2-5所示。

表2-2-5 实物展示

名称	图片展示
水泵	
土壤湿度传感器	
实验箱	

任务五　利用智能设备设计食物供给单元实验箱

引导学生思考如何进行智能食物供给单元实验箱的设计。学生写出自己的设计思路，看看是否能用其他的传感器设备。

学习活动 二　如何使用摄像头识别番茄苗的病虫害

番茄在生长的过程中，会不可避免地出现一些疾病，若想让番茄更好地生长、成熟，可引入人工智能设备。因为近年来，人工智能技术不断发展，图像识别技术也有了长足的进步，使用起来也更加地方便。本活动介绍一款应用简单、操作便捷的摄像头——PowerSensor视频识别模块（图2-2-8）。摄像头中集成了人脸识别、物体识别、二维码识别、颜色识别等功能，用户可以利用摄像头上自带的软件进行操作。

图2-2-8　PowerSensor视频识别模块

任务一　辨别番茄健康和非健康的叶子

引导学生通过互联网查询番茄叶子的状态，看看有什么不同。

番茄的叶子可以大致分成几类，见表2-2-6：表中1、2两个图都是比较健康的叶子；3、4两个图为出现病虫害的例子，尤其是图片3，叶子上出现了二十八星瓢虫。二十八星瓢虫是危害蔬菜的典型有害瓢虫，以危害番茄和马铃薯为主。番茄主要的病害有番茄灰叶斑病、番茄筋腐病、番茄溃疡病、番茄日灼病、番茄晚疫病、番茄叶霉病、番茄早疫病等等。其中番茄早疫病主要危害番茄的叶片、花、茎和果实。叶片受害后，开始是出现针尖大小的小黑点；中后期演变为圆形或不规则形的褐色病斑，边缘多具浅绿色或黄色的晕环，中间呈同心轮纹，潮湿时病斑上长出黑色霉层。早疫病由真菌引起。病菌主要通过气流、雨水传染，通过叶片气孔或者从表皮直接侵入。病菌侵入后，2~3天可形成病斑。环境温度偏高、湿度偏大时，番茄易于发病。病害可以在番茄生长期多次侵染。

防治措施如下。

① 农业防治：轮作倒茬，加强田间管理，实行高垄栽培，合理施肥，定植缓苗后要及时封垄，促进新根发生；温室内要控制好温度和湿度，加强通风透光管理；结果期要定期摘除下部病叶，并将其深埋或烧毁，以减少番茄染病的机会。

② 化学防治：发病初期，可选用10%多抗霉素150倍液、50%异菌脲（扑海因）400倍液、10%苯醚甲环唑水分散粒剂67~100g／亩[1]或70%代森锰锌800倍液。每7天喷雾一次，连续3次；要交替用药，以免产生抗药性。

---

[1] 1亩=666.67m²。

表2-2-6　健康和非健康的叶子

序号	原始图像	状态	序号	原始图像	状态
1		健康	3		非健康
2		健康	4		非健康

任务二　认识机器学习在视频识别过程中的应用

学生利用互联网查阅资料，搜索并了解视频识别有哪些过程，用思维导图的方式将其表示出来。

机器学习是一种实现人工智能的方法，深度学习是机器学习领域中一个新的研究方向，三者之间的关系如图2-2-9。

机器学习是人工智能领域的核心，是使计算机具有智能的根本途径。深度学习是机器学习的一个子集，是当今人工智能爆发的核心驱动因素。机器学习使计算机模拟人类的学习行为，以获取新的知识或技能，重新组织已有的知识结构，不断改善自身的性能。可以通俗地理解为，该领域是为了让机器能够学着执行那些没有人为设定程序的任务，也就是说，让机器具备自己学习事物的特征和规则的能力。

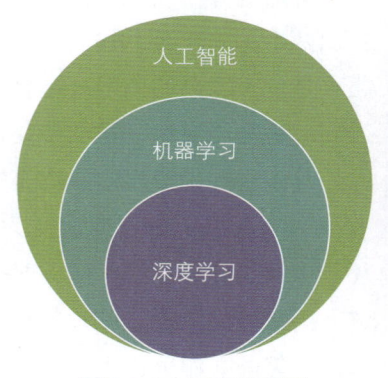

图2-2-9　三者关系图

机器学习的分类方式有很多种。基于学习方式，机器学习可以分为"监督学习""无监督学习"和"强化学习"三类。

监督学习：监督学习是通过已有的数据集，并且知道该数据集中每个"输入数据"和"输出结果"之间的关系，令机器掌握其中的特征和规则，使其达到所要求性能的过程，也称为监督训练或有教师学习。在监督学习中必须要有数据及其对应的结果或者"标签"。

无监督学习：现实生活中有很多问题并没有明确的答案，或者人工输入对应的结果（打标签）成本过高。所以在机器学习中，有一种方法是让机器在没有被标记的，或者说没有答案的数据集中寻找特征和规律，从而解决模式识别中的各种问题，这种方法被称为无监督学习，也称为无监督训练。

强化学习：强化学习是让机器基于环境的反馈而行动，通过不断与环境的交互、试错，最终完成特定目的或者使得整体行动收益最大化。也可以理解为，智能体在与环境交互过程中趋利避害的一种学习过程。

番茄的病虫害识别使用的学习方式为监督学习，给计算机一个模型样本，进行判断。机器学习项目一般包括数据采集、模型训练和识别应用三部分，如图2-2-10。

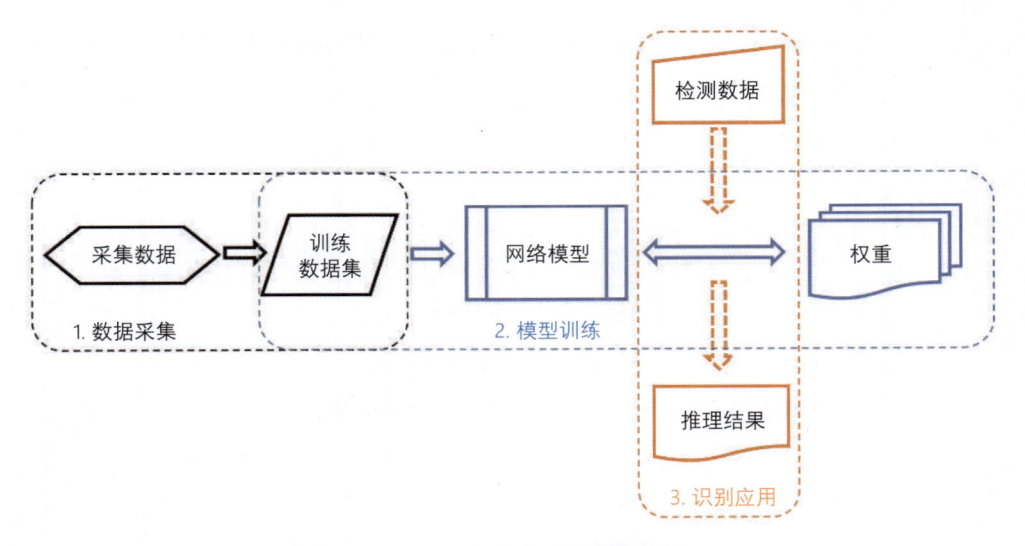

图2-2-10　机器学习的简易流程

任务三　使用摄像头获取番茄叶子的图像

学生完成表2-2-7的填写，想一想需要获得几组照片数据。

表2-2-7　数据的位置和内容

序号	识别位置	识别内容
1		
2		
……		

数据采集部分主要目标是得到训练数据集。建立四个文件夹存放数据，可以借助网上

已有的数据集，也可以自己采集数据。为了提升训练数据集的质量，采集的数据一般都需要经过数据预处理来统一图片的尺寸、分辨率，并进行标准化、归一化等操作。使用视频识别模块PowerSensor开发板采集数据，如图2-2-11和图2-2-12所示。

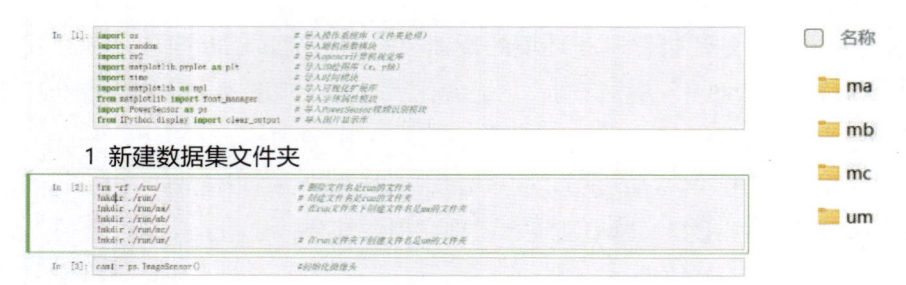

图2-2-11　视频识别模块PowerSensor新建文件夹程序和建立的文件夹

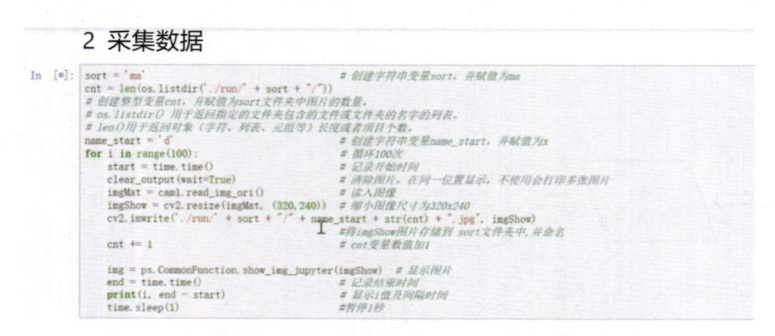

图2-2-12　视频识别模块PowerSensor开发板采集数据程序

每个位置的单独照片见表2-2-8。

表2-2-8　预采集照片

采集位置	采集的样式	采集位置	采集的样式
前方界线 （ma）		健康叶子 （mc）	
病虫害叶子 （mb）		后方界线 （um）	

每个位置采集的数据如表2-2-9所示。

表2-2-9 各位置采集的照片

采集位置	采集的照片
前方界线 （ma）	
病虫害叶子 （mb）	
健康叶子 （mc）	
后方界线 （um）	

任务四 使用卷积神经网络模型分析图像

卷积神经网络（convolutional neural network，简称CNN）是一种深度学习模型，常用来分析视觉图像，如图2-2-13所示。

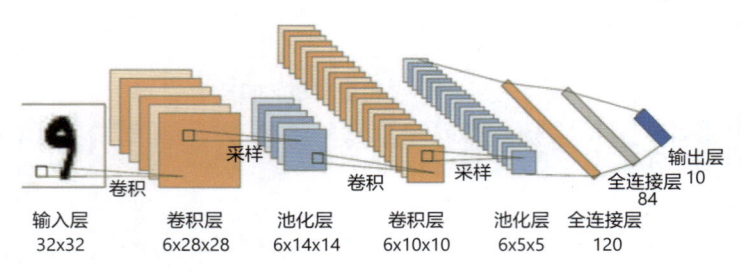

图2-2-13　卷积运算的过程

图2-2-14为卷积神经网络模型预设计程序，包括卷积层、池化层、全连接层和输出层的设计。

```
In [7]: model = keras.Sequential([
            keras.layers.Conv2D(32, (3,3), padding="same", input_shape=(img_size_net, img_size_net, 3),
            name='x_input', activation=tf.nn.relu),
            keras.layers.MaxPooling2D(pool_size=(2,2)),
            keras.layers.Conv2D(64, (3,3), padding="same", activation=tf.nn.relu),
            keras.layers.MaxPooling2D(pool_size=(2,2)),
            keras.layers.Conv2D(128, (3,3), padding="same", activation=tf.nn.relu),
            keras.layers.MaxPooling2D(pool_size=(2,2)),
            keras.layers.Conv2D(128, (3,3), padding="same", activation=tf.nn.relu),
            keras.layers.MaxPooling2D(pool_size=(2,2)),
            keras.layers.Flatten(),
            keras.layers.Dense(50, activation=tf.nn.relu),
            keras.layers.Dropout(0.1),
            # 最后一个层决定输出类别的数量
            keras.layers.Dense(4, activation=tf.nn.softmax, name='y_out')
        ])
        model.compile(optimizer=tf.train.AdamOptimizer(0.001),
                      loss='sparse_categorical_crossentropy',
                      metrics=['accuracy'])
        model.summary()
```

图2-2-14　预设计卷积神经网络模型

其模型训练过程为机器学习网络模型、数据训练形成权重集、转化保存权重集及网络模型、形成训练后的模型文件。

卷积神经网络可以直接对图像进行处理，在卷积层中将输入数据和卷积核进行卷积运算得到图像的特征图。对番茄叶子的特征提取，指使用计算机提取图像中属于特征性的信息的方法及过程。图像中主要的特征类型包括边缘、角点、区域。通过卷积神经网络的Sobel算子、Robinson算子、Laplace算子等，计算出轮廓的变化。使用卷积神经网络算法后照片的对比见表2-2-10。

表2-2-10　照片的对比

原始图像	使用CNN算法后	状态
		健康

续表

原始图像	使用CNN算法后	状态
		健康
		非健康
		非健康

任务五　番茄病虫害的识别应用

识别应用部分主要是通过加载训练后的模型文件，来对检测数据进行推理和预测，并借此来判断训练后的模型文件的推理效果是否能达到设计预期。接下来借助视频识别模块PowerSensor开发板来进行病虫害识别，让视频识别模块具备判断是否有病虫害的能力。

在这个任务中，学生写出自己的程序设计思路（文字形式或者流程图形式），并且加上自己想利用的智能设备。

在此以一辆Arduino智能小车（图2-2-15）为载体，搭载上智能设备，如摄像头组件、喷雾模块、超声波传感器、巡线传感器等，通过"启动病虫害监测模式"进行语音控制。

图2-2-15　智能小车

行驶到某区域，如监测到该区域植物遭受病虫害，自动开启防护措施，即喷雾模块启动，如图2-2-16所示。

图2-2-16　智能小车监测到病虫害

说出"退出监测模式"，小车自动停止。

程序设计中，设置视频识别的串口和语音识别的串口，监测到病虫害启动喷雾，如图2-2-17所示。

图2-2-17　智能小车监测到病虫害程序设计

前进、后退、左转、右转、停止的程序设计，如图2-2-18所示。

图2-2-18　前进、后退、左转、右转、停止的程序设计

学习活动 三　食物供给单元实验箱赏析

食物供给单元实验箱主要功能有以下几个方面。

① 自动监测番茄土壤湿度的变化，根据变化进行灌溉。

② 自动识别番茄病虫害，并且通过喷雾模块给番茄治疗。

智能小车和食物供给单元实验箱如图2-2-19所示。

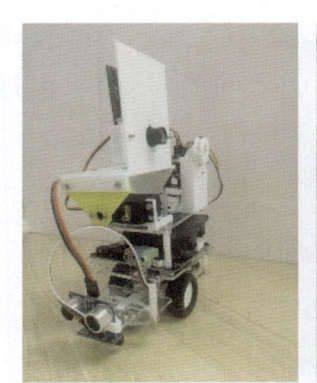

图2-2-19　智能小车和食物供给单元实验箱

展示与反思

学生思考并回答如下问题。

① 在项目制作过程中，你遇到了哪些问题？是如何解决的？通过问题的解决你获得了哪些经验？

② 你的作品中使用了哪些核心技术，这些技术还可以应用到哪些领域来解决新的问题？

③ 你的作品还有哪些功能不够完善？请写出你的改进方案。

实例三

有趣的掌上游戏机

1989年，现代掌上游戏机的雏形——GameBoy诞生了，它奠定了掌上游戏机的结构基础，如屏幕、按键、供电、卡带等等，并且带给了大家快乐美好的回忆。

本实例引导学生学习编程方法，掌握编程逻辑，使用micro:bit智能开发板设计制作有趣的掌上游戏机。

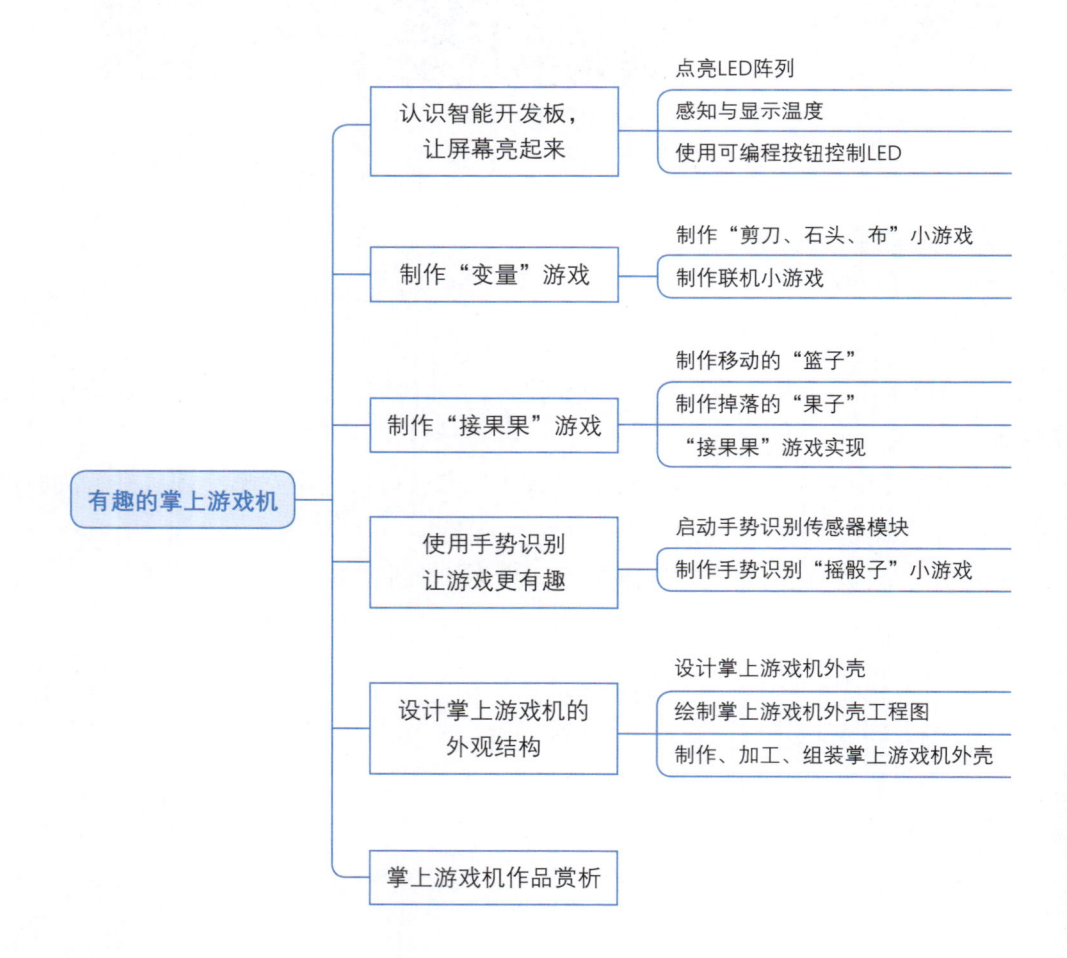

思维导图

- 有趣的掌上游戏机
  - 认识智能开发板，让屏幕亮起来
    - 点亮LED阵列
    - 感知与显示温度
    - 使用可编程按钮控制LED
  - 制作"变量"游戏
    - 制作"剪刀、石头、布"小游戏
    - 制作联机小游戏
  - 制作"接果果"游戏
    - 制作移动的"篮子"
    - 制作掉落的"果子"
    - "接果果"游戏实现
  - 使用手势识别让游戏更有趣
    - 启动手势识别传感器模块
    - 制作手势识别"摇骰子"小游戏
  - 设计掌上游戏机的外观结构
    - 设计掌上游戏机外壳
    - 绘制掌上游戏机外壳工程图
    - 制作、加工、组装掌上游戏机外壳
  - 掌上游戏机作品赏析

发现与思考

① 游戏是人们生活中常见的放松方式，很多人都有自己喜爱的游戏。请学生谈一谈自己喜欢哪些游戏，玩游戏的时间和方式又是什么样的。

② 随着科技的发展，越来越多种类丰富的游戏机出现在市场中，请学生利用互联网查阅资料，谈一谈游戏机的发展历史。

③ 相信每个人心中都有一个理想型的游戏机，请学生充分发挥自己的想象力，尝试将自己心中的理想型游戏机以草图的方式画出来。

任务与实践

学习活动 一　认识智能开发板，让屏幕亮起来

micro:bit是专为青少年编程教育设计的微型电脑开发板，也是制作掌上游戏机的"芯片"，如图2-3-1所示。学生观察开发板，推测一下它各部分的功能，并将自己的想法记录下来。

这块体积小巧的开发板具有25颗独立可编程的LED（发光二极管）显示器阵列、2个可编程按键、25个外部"引脚"。除此之外，它

图2-3-1　micro:bit开发板

还集合了光线传感器、温度传感器、加速度传感器、指南针、无线通信、蓝牙等功能。

这块功能强大的开发板就是游戏机的核心装置。接下来，引导学生通过编程学习，让屏幕亮起来。

任务一　点亮LED阵列

使用图形化编程软件来控制LED阵列是非常简单的，可以在"显示LED"编程模块中对LED进行编辑。micro:bit的显示器是一个5×5的LED阵列，当程序运行时软件反复高速刷新LED阵列，如图2-3-2所示。

学生尝试使用编程模块，制作有趣的LED点阵作品，制作完成后，观察阵列的变化，并记录在表2-3-1中。

表2-3-1　点阵作品观察表

程序模块	阵列效果描述	程序模块	阵列效果描述
 显示数字 0		 显示图标	
 显示 LED		 显示字符串 "Hello!"	

任务二　感知与显示温度

温度传感器（temperature transducer）是指能感受温度并将温度转换成可用输出信号的传感器。它位于开发板的背面，可以让micro:bit检测当前环境温度（以摄氏度为单位）。学生观察图2-3-3，猜测温度传感器的位置。

图2-3-4的程序模块可以用于测量周围的环境温度，并通过LED阵列将数据呈现出来。

图2-3-3　micro:bit背面 　　图2-3-4　温度传感器程序模块

图2-3-2　可视化编程控制LED列阵

第二篇
人工智能项目实例

任务三　使用可编程按钮控制LED

micro:bit前端的两个按钮和背面的一个按键，动作反应速度都很快。用户可以对前端的"A""B"按键进行个性化编程，由程序模块控制实现短按、长按、"A+B"同时按下的检测。此任务为通过编写一个简单的程序，使用"A""B"按键控制LED阵列的变化。

在编程过程中会使用到逻辑模块，逻辑模块包含"条件""比较""布尔值"等程序块，可以根据任务的需要选择不同的逻辑运算。图2-3-5的程序中使用"如果为-则"逻辑模块实现按下"A"键，LED箭头指向"A"键；按下"B"键，LED箭头指向"B"键；如果同时按下"A"和"B"键，LED阵列出现"爱心"的图案。

学生尝试编辑程序模块，并将程序下载到开发板中，测试是否可以实现编程目标。

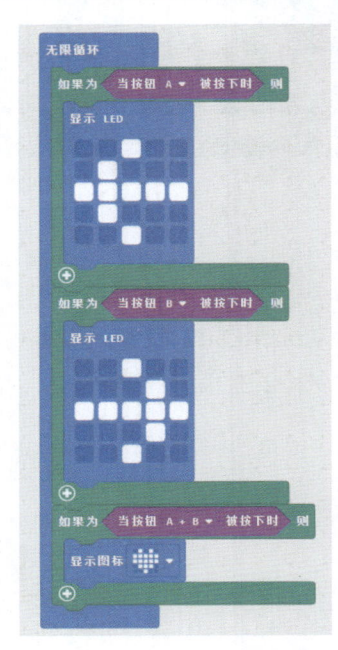

图2-3-5　LED灯控制程序模块

学习活动 二 制作"变量"游戏

编程过程中会使用到一个非常重要的程序模块——"变量"，可以将变量看作是一个储存可以更改信息的模块，如同计分板一样，可以根据比赛队伍的得分情况变化相应的数值。基于变量这一特性，设置一个名为"图案"的变量，如图2-3-6所示。

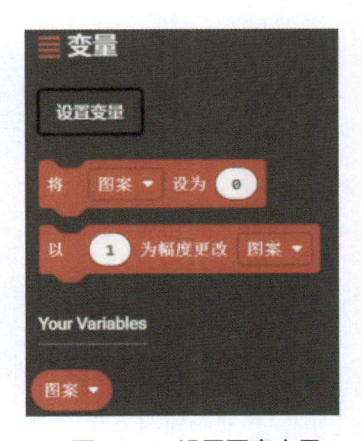

图2-3-6　设置图案变量

任务一　制作"剪刀、石头、布"小游戏

引导学生通过micro:bit开发板，开发出一个"石头、剪刀、布"的小游戏，让开发板听从指令，显示相应的手势图案。

首先，学生根据自己的理解，在LED屏幕上绘制出剪刀、石头、布的图案，具体图案可参考图2-3-7。

然后，点击"数学"模块，将"选取随机数，范围为-至-"编程模块拖出；在游戏中会使用到剪刀、石头、布三个图案，因此，范围可以设置为1至3，程序模块如图2-3-8所示。

43

剪刀　　　　　　　　石头　　　　　　　　布

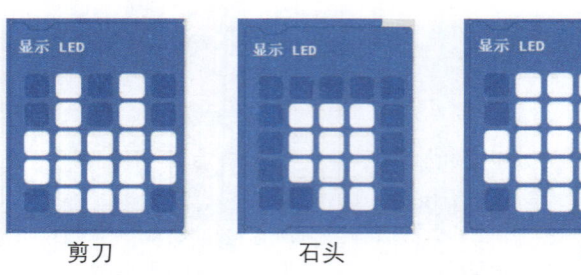

图2-3-7　"剪刀、石头、布"点阵图案

图2-3-8　图案选取程序模块

最后，添加逻辑模块"如果为-则-否则"，结合绘制的图形，完成游戏程序：通过晃动micro:bit开发板，屏幕中随机出现剪刀、石头、布三个图案中的任意一个图案。尝试编辑图2-3-9中的程序模块，并将程序下载到开发板中，测试是否实现游戏目标。

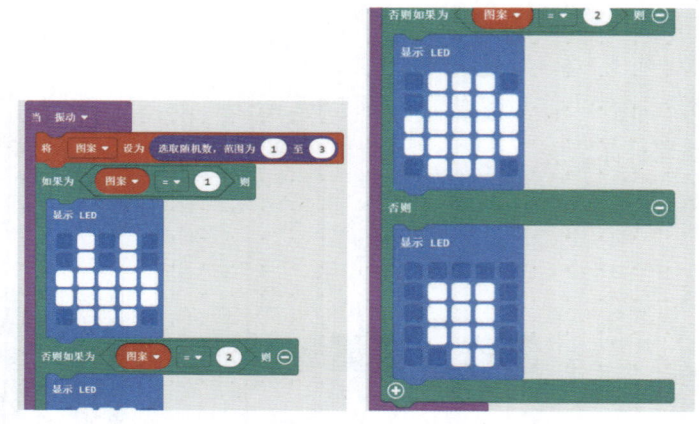

图2-3-9　"剪刀、石头、布"游戏程序

任务二　制作联机小游戏

很多游戏不仅具有趣味性、对抗性，而且可以多人参加、合作完成。此任务为使用micro:bit开发板进行联机，使两个开发板LED显示器之间进行一个互动。

如果想要两块设备进行交互，需要使用到一个新的模块——"无线设置组"程序模块，如图2-3-10所示。

图2-3-10　"无线设置组"程序模块

设置一个新的变量，取名为Number，程序模块如图2-3-11所示。

思考两块开发板之间互动的方式，下方的案例为：其中一块micro:bit开发板振动，另一块micro:bit开发板屏幕显示"心形"图案；其中一块micro:bit开发板向左倾斜，另一块micro:bit开发板屏幕显示"×"图案；其中一块micro:bit开发板向右倾斜，另一块屏幕显示"√"图案。首先编写发出指令的micro:bit开发板程序,如图2-3-12所示。

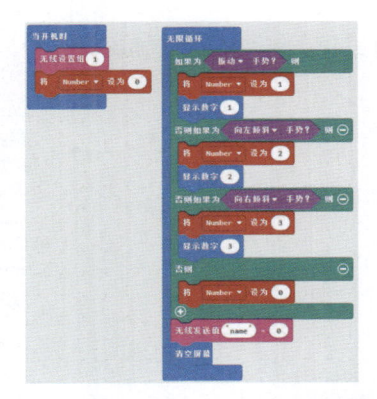

图2-3-11　Number变量程序模块　　图2-3-12　发出指令的micro:bit开发板程序

接下来编辑接收控制信号的micro:bit开发板,首先设置一个变量"value"。将编辑好的程序下载到接收控制信号的micro:bit开发板中,测试两块开发板之间的互动是否流畅,具体程序如图2-3-13所示。

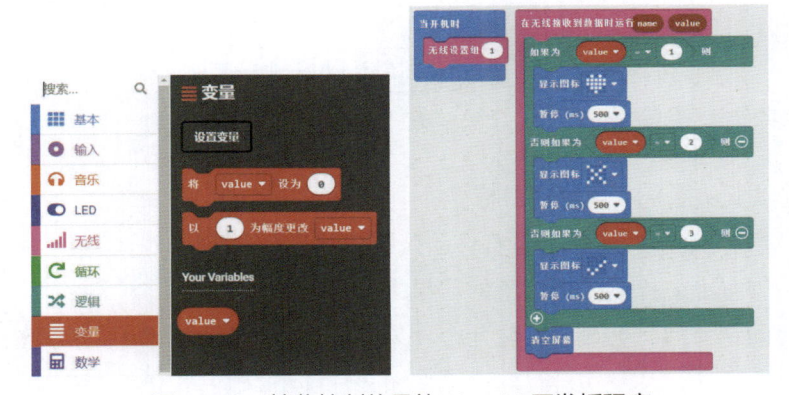

图2-3-13　接收控制信号的micro:bit开发板程序

引导学生发挥自己的想象力,思考还有哪些有趣的互动方法,将其记录下来,并通过编程来实现。

学习活动 三　制作"接果果"游戏

本活动使用micro:bit开发板来实现"接果果"这款有趣的游戏:果子以匀速从屏幕顶

端的随机位置掉落，参与人需要使用按键操控屏幕底部的篮子快速移动到果子即将降落的位置，在果子降落到屏幕底部之前用篮子将其接住。首先通过流程图的方式来解析游戏流程，思考"接果果"游戏编程逻辑，如图2-3-14所示。

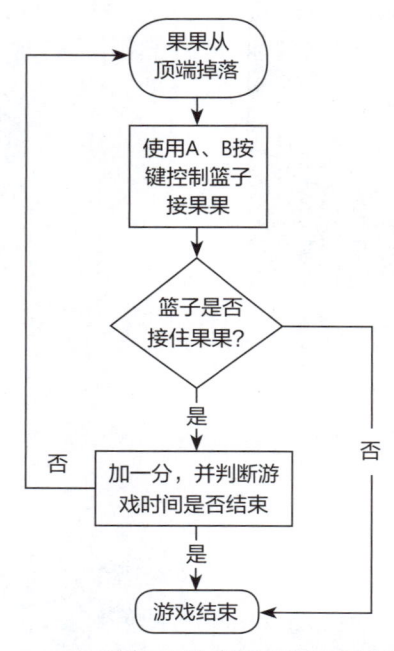

图2-3-14 "接果果"游戏编程逻辑流程图

可以通过以下功能来实现游戏目标。
① "A""B"键模拟向左、向右移动控制"篮子"。
② 光标从屏幕上方掉落模拟掉落的"果果"。
③ 游戏时间结束后，会显示接住几个"果果"，也就是玩家获得的分数。

任务一　制作移动的"篮子"

首先，通过编程实现"A""B"键模拟向左、向右移动控制"篮子"。在之前的任务中已通过"显示LED"编程模块点亮了LED灯，接下来，通过X轴和Y轴来定位每一个LED灯，如图2-3-15所示。

如图2-3-16，将鼠标放置在LED灯图标处，就可以得出X、Y轴位置，请学生观察思考LED灯的位置规律。

"篮子"的位置处于LED阵列的最下方，请学生说出该处的每一个LED灯所处的X、Y轴位置，将数值记录下来。

图2-3-15　LED坐标轴

设置"篮子"变量,将"篮子"放置在LED阵列的最下排中间位置。使用"当按键-被按下时"控制模块,完成使用"A""B"键模拟向左、向右移动控制"篮子"的功能。编程完成后,点击"A"按键,测试一下"篮子"是不是向"A"按键移动,使用同样的编程逻辑编写按键"B"相应的程序,测试功能实现是否流畅。具体编程如图2-3-17所示。

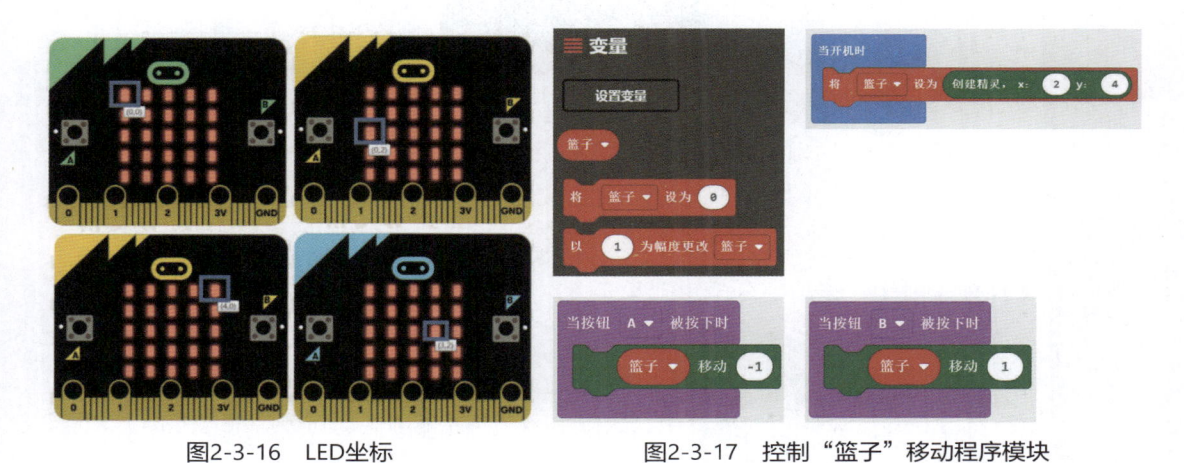

图2-3-16　LED坐标

图2-3-17　控制"篮子"移动程序模块

任务二　制作掉落的"果子"

使光标从屏幕上方"掉落"模拟掉落的"果果"。设置"果果"变量,在游戏过程中,"果果"最初出现在LED阵列的最上排,需要确定这一范围内X、Y轴的范围。通过判定可以发现,"果果"会出现的第一排位置,X轴范围为0~4中的任意一个,而Y轴则是0,坐标如图2-3-18所示。

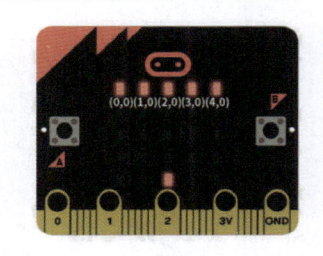

参考"篮子"的编程方法,编写"果果"的程序。将程序载入开发板,测试功能是否实现。在上述编程模块的基础上,使用"游戏"列表中的模块设置游戏的时间与游戏开始时的分数,如图2-3-19,观看仿真区的变化,是否可以实现编程要求。

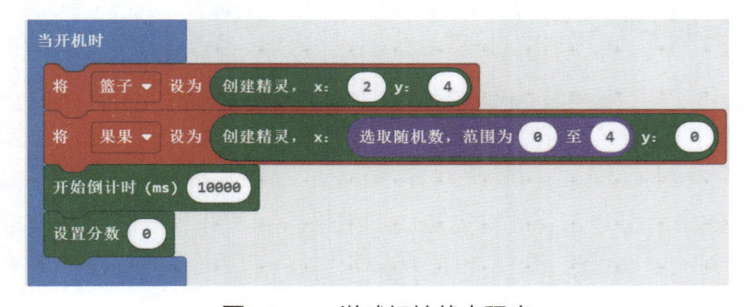

图2-3-18　"果果"最初坐标

图2-3-19　游戏初始状态程序

思考与讨论：

如何让"果果"掉落进"篮子"中呢？

光标从屏幕上方"掉落"模拟掉落的"果果"，在这一"掉落"的轨迹中，X、Y轴会有变化。从图2-3-20中可以看出，假设"果果"会出现在第一排（1,0）位置，随着"果果"的掉落，Y轴的数字呈现"+1"的状态。通过编程语言将它写出来，观察左侧的仿真区中的"果果"是不是可以掉落下来了，然后使用"A"和"B"按键操控"篮子"去接"果果"吧！

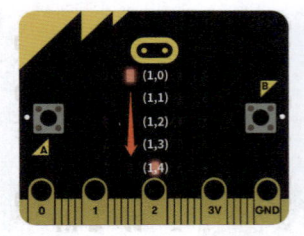

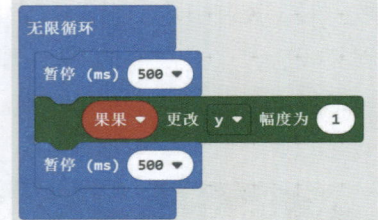

图2-3-20 "果果"掉落状态程序

任务三 "接果果"游戏实现

"接果果"游戏的规则是：使用"篮子"接住"果果"，分数增加，同时一个新的"果果"从LED阵列顶端降落；如果没有接住"果果"，游戏结束。使用"游戏"列表中的编程模块进行编程，观看仿真区的变化是否可以实现编程要求，具体编程如图2-3-21。

思考与讨论：

"篮子"没有接住"果果"的情况下，"果果"会掉落在哪个区域？

如果"篮子"没有接住"果果"，"果果"所代表的光标会落在LED阵列的最后一排，在这一位置中，X轴的数值范围为0～4，而Y轴的数值的范围一定是4，如图2-3-22所示。

图2-3-21 "接果果"程序模块　　　　图2-3-22 Y轴的数值的范围

使用编程模块进行编程。在游戏结束时，游戏所获得的分数会在光标闪烁过GAMEOVERSOORE后出现。将编写完成的"接果果"游戏程序载入开发板，测试功能是否实现，具体程序如图2-3-23。如果想要在游戏后开始新一轮的游戏，单击开发板后面的复位键，就可以开始新的游戏了。

图2-3-23 "接果果"程序模块

思考与讨论：

有没有方法通过编程让游戏更加有趣或者更具有难度？比如增加游戏长度，或者加快游戏速度。请学生尝试通过编程的方式来实现自己的想法。

学习活动 四 使用手势识别让游戏更有趣

随着技术的发展，技术在游戏中的应用不断增加，游戏的种类与游戏的方式日新月异，比如让人身临其境的VR（虚拟现实）游戏、用意念控制的游戏赛车等等。

本活动中会用到一个新的传感器——手势识别传感器。引导学生在学习的过程中思考如何将手势识别传感器融入游戏设计中，进而增加游戏机的智能化程度。

任务一 启动手势识别传感器模块

图2-3-24所示的设备是本活动要使用到的集成PAJ7620手势识别传感器，它能够识别向前、向后、向左、向右、顺时针方向、逆时针方向、向上、向下、手指挥舞等9种手势。

配合拓展板将手势识别传感器与micro:bit开发板相连，注意

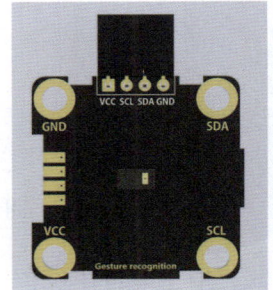

图2-3-24 集成PAJ7620手势识别传感器

连接方式，可以使用鳄鱼夹或者杜邦线将设备连接起来，如图2-3-25所示。

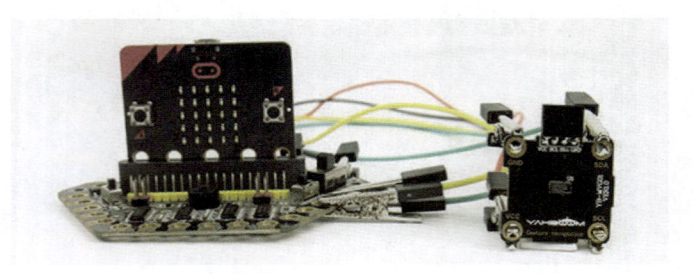

图2-3-25　手势识别传感器与micro:bit开发板连接图

连接方式参考表2-3-2。

表2-3-2　手势识别传感器与micro:bit开发板连接方式

micro:bit开发板	手势识别传感器
5V	VCC
GND	GND
P19/SCL	SCL
P20/SDA	SDA

输入手势识别初始化启动编程文件，具体程序如图2-3-26所示，观察LED阵列界面的变化，当界面显示为"笑脸"，表明手势识别传感器启动。

图2-3-26　手势识别初始化启动程序

任务二　制作手势识别"摇骰子"小游戏

骰子通常作为桌上游戏的小道具，每个面分别有1～6个圆点（或数字），其相对两面之数字和必为7。通过编程方法实现通过手势"摇骰子"的功能效果，测试手势识别传感器的灵敏度以及准确性，具体程序如图2-3-27所示。

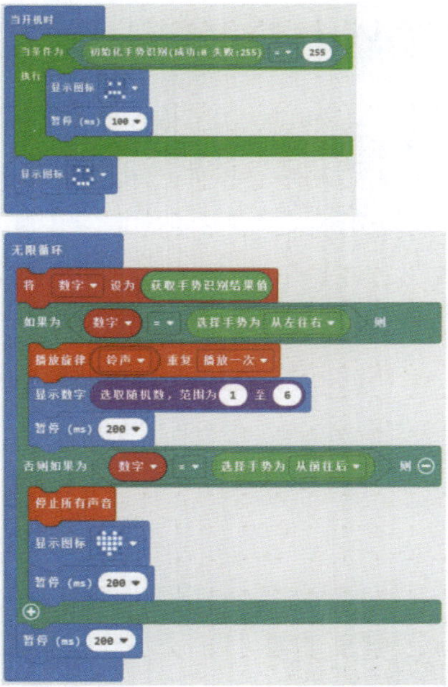

图2-3-27 手势识别"摇骰子"小游戏程序

思考与讨论：

是否可以使用手势识别的控制方式实现活动三中的"接果果"游戏，让游戏更加有趣？学生尝试通过编程的方式来实现自己的想法。

学习活动 五　设计掌上游戏机的外观结构

在之前的活动中，学生通过编程，使用micro:bit智能开发板设计制作出有趣的掌上游戏。在这个任务中，学生根据自己的想法，设计制作出有创意的游戏机外壳装置，并使用激光切割装置将其加工制作出来。

任务一　设计掌上游戏机外壳

通过小组讨论，学生将创意设计想法记录下来，并通过手绘的方式绘制游戏机外壳图纸（可以参考游戏机手柄），使micro:bit智能开发板成为便于手持操作的智能硬件设备。

选择最佳方案，思考制作材料及材料与开发板之间的结合固定方式，通过实践测试探寻实现工程结构的最佳方式。

任务二　绘制掌上游戏机外壳工程图

使用尺子等测量工具，详细测绘micro:bit智能开发板的各部分尺寸。以开发板开孔位置与尺寸为例，学生通过测量确定两孔之间的距离，记录下尺寸数据；然后测量孔洞的尺寸，记录下尺寸数据，如图2-3-28所示。

仔细测量智能开发板正面与背面各个功能区位置与开孔位置的尺寸。在设计制作游戏机外壳的时候，应尽量避开功能键位置。

尝试使用画图软件——LaserMaker绘制出micro:bit智能开发板的外观尺寸以及正面与背面各个功能区位置，如图2-3-29所示。

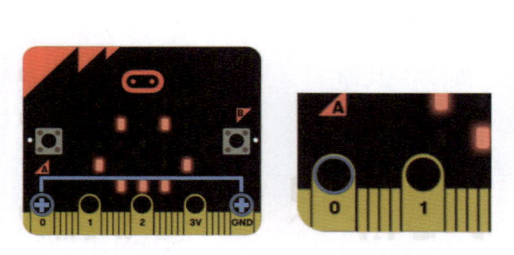

图2-3-28　开发板开孔位置与孔洞尺寸

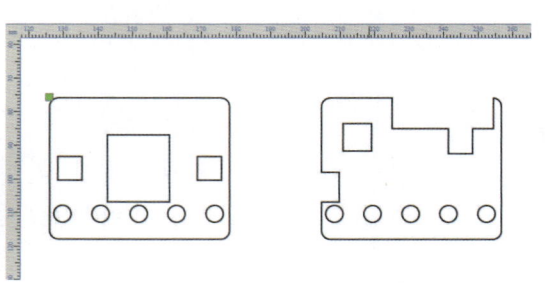

图2-3-29　micro:bit智能开发板外观尺寸和功能区位置工程图

在micro:bit智能开发板工程图基础上，绘制出掌上游戏机外壳工程图。在工程图绘制过程中需要充分考虑制作尺寸是否满足人体的使用舒适性、智能开发板开孔位置及安装结构与板材之间的关系。

图2-3-30为参考工程图形，学生使用绘图软件完成所设计的图形的绘制。

学生写出在绘制过程中遇到的问题以及解决方法，完成表2-3-3。

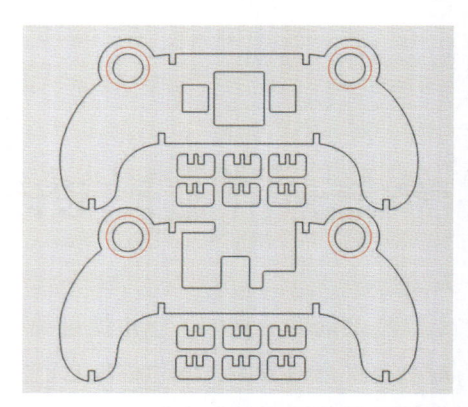

图2-3-30　掌上游戏机外壳参考工程图形

表2-3-3　工程图绘制问题与方案表

遇到的问题	解决方案

任务三　制作、加工、组装掌上游戏机外壳

学生使用激光切割机对选用板材进行加工，将设计制作出的工程图形真实地制作出来，并将加工制作的外壳材料进行组装。

学习活动 六　掌上游戏机作品赏析

这里介绍一个掌上游戏机的参考案例，如图2-3-31，该案例的主要特点如下：
① 该案例中的造型如同游戏手柄，较为符合人体的使用习惯；
② 该案例中使用榫卯连接的方式固定板材与智能硬件，无需使用五金零件来固定，制作材料更加简单，造型结构更加简约。

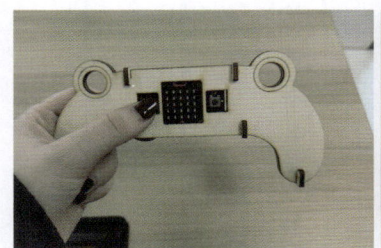

图2-3-31　掌上游戏机作品

展示与反思

学生思考并回答如下问题。
① 在项目制作过程中，你遇到了哪些问题？你是如何解决的？通过问题的解决你获取了哪些经验？
② 你的作品中使用了哪些核心技术，这些技术还可以应用到哪些领域来解决新的问题？
③ 你认为你的作品还有哪些功能不够完善？请写出你的改进方案。

实例四

自动驾驶，智慧出行

随着社会经济飞速发展，人们生活变得富裕，出行方式逐渐丰富起来。尤其是汽车，其作为一种方便、快捷的交通工具已经走进了很多家庭。

科技创新给汽车领域带来了全新的变革，汽车电动化、智能化、网联化不断升级。无人驾驶汽车不再仅仅是科幻片中的道具，已经变得触手可及，其发展可谓是如火如荼。奔驰、宝马、大众、通用等各大传统车企纷纷加入自动驾驶（无人驾驶）技术的研究，谷歌、苹果、百度等IT（信息技术）企业也纷纷宣布造车，进军自动驾驶领域。但人们对无人驾驶也存在着担忧，它还处于概念阶段，无论是技术成熟度、配套设施的完善还是政策法规等，都有很多工作要做。

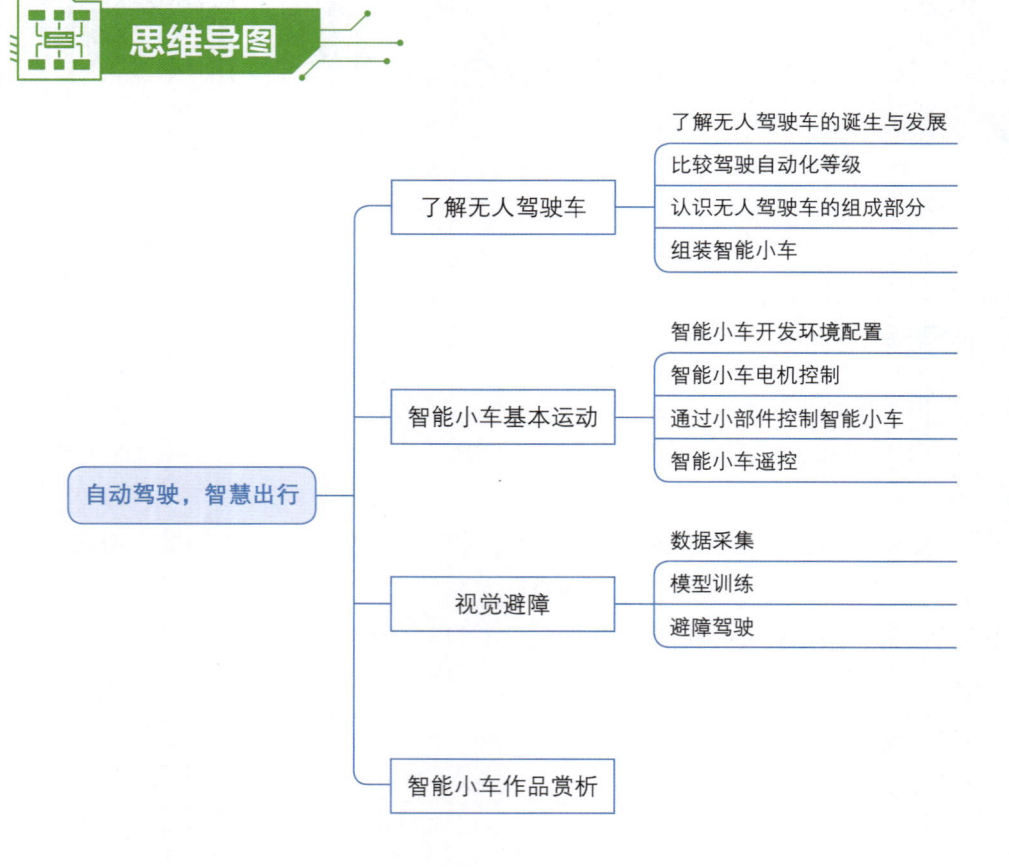

思维导图

- 自动驾驶，智慧出行
  - 了解无人驾驶车
    - 了解无人驾驶车的诞生与发展
    - 比较驾驶自动化等级
    - 认识无人驾驶车的组成部分
    - 组装智能小车
  - 智能小车基本运动
    - 智能小车开发环境配置
    - 智能小车电机控制
    - 通过小部件控制智能小车
    - 智能小车遥控
  - 视觉避障
    - 数据采集
    - 模型训练
    - 避障驾驶
  - 智能小车作品赏析

第二篇
人工智能项目实例

发现与思考

① 学生联系生活，说一说见过哪些无人驾驶车。
② 学生思考无人驾驶车是如何实现障碍物识别的。
③ 学生谈一谈未来希望设计一款有什么功能的无人驾驶车。

任务与实践

学习活动 一 了解无人驾驶车

本活动介绍无人驾驶技术的发展历程、驾驶自动化等级与划分要素的关系，以及无人驾驶车的功能组成模块，并引导学生动手组装一辆Jetbot智能小车。

任务一 了解无人驾驶车的诞生与发展

从20世纪50年代开始，西方发达国家就开展了地面无人驾驶车辆的研究，并且取得了一系列的成果，在此可以将其归结为三个主要阶段。

第一阶段，在20世纪80年代之前，受限于硬件技术、图形处理和数据融合等关键技术发展的滞后，地面无人驾驶车辆侧重于遥控驾驶。

第二阶段，20世纪80年代到20世纪90年代，随着自主车辆技术及其他相关技术的突破性进展，地面无人驾驶车辆得以进一步发展，出现了各种自主和半自主移动平台。但是由于受定位导航设备、障碍识别传感器、计算控制处理器等关键部件性能的限制，当时的无人驾驶车辆虽然在一定程度上实现了自主行驶，但行驶速度低，环境适应能力弱。

第三阶段，自20世纪90年代以来，由于计算机、人工智能、机器人控制等技术方面的突破，半自动型地面无人驾驶车辆也得到了进一步发展。部分地面无人驾驶车辆参与了军事实战，验证了地面无人驾驶车辆的作战能力，这使人们看到了地面无人驾驶车辆的发展前景，大大激发了各国研发地面无人驾驶车辆的热情，也掀起了研究高潮。在军事需求的推动下和技术发展的激励下，美国、德国、意大利等国在无人驾驶车辆技术方面走在了全世界的前列。进入21世纪后，随着物理计算能力的大幅度提升、动态视觉技术的快速发展以及人工智能技术的迅猛发展，路线导航、障碍躲避、突发决策等关键技术得到解决，无人驾驶技术取得了突破性进展。

任务二　比较驾驶自动化等级

美国的汽车工程师学会（SAE）对汽车对无人驾驶技术的应用进行了等级划分，如表2-4-1所示。

表2-4-1　无人驾驶技术应用等级划分

分级	名称	车辆横向和纵向运动控制	目标和事件探测与响应	动态驾驶任务接管	设计运行条件
0级	应急辅助	驾驶员	驾驶员及系统	驾驶员	有限制
1级	驾驶辅助	驾驶员和系统	驾驶员及系统	驾驶员	有限制
2级	组合驾驶辅助	系统	驾驶员及系统	驾驶员	有限制
3级	有条件自动驾驶	系统	系统	动态驾驶任务接管用户	有限制
4级	高度自动驾驶	系统	系统	系统	有限制
5级	完全自动驾驶	系统	系统	系统	无限制

任务三　认识无人驾驶车的组成部分

如何构建一辆无人驾驶车呢？先来了解一下无人驾驶车的组成部分。无人驾驶车由车、线控系统、传感器、计算单元等组成，如表2-4-2及图2-4-1所示。

表2-4-2　无人驾驶车硬件组成

硬件	组成
车	发动机、汽车底盘、中控系统、车身
线控系统	线控油门、线控刹车、线控转向、线控挡位
传感器	激光雷达、毫米波雷达、超声波雷达、相机、GPS/IMU
计算单元	CPU、GPU、内存、总线

注：GPS—全球定位系统；IMU—惯性测量单元；GPU—图形处理单元；CPU—中央处理器。

第二篇 人工智能项目实例

图2-4-1 无人驾驶车硬件组成

车作为无人驾驶的载体，是无人驾驶车最基础的组成部分。无人驾驶车的车身部分和传统汽车几乎没有区别，只是在传统汽车的基础上，安装了汽车线控系统。传统汽车是通过机械传动的方式对汽车进行转向、油门和刹车等的控制，而线控系统是通过电信号对汽车进行转向、油门和刹车等的控制。线控系统省去了机械传动的延迟，通过电脑可以更加快速地控制汽车，并且一些辅助驾驶任务也需要线控系统来完成，例如定速巡航、自动避障、车道保持等。为了方便感知周围的环境，无人驾驶车用到了各种各样的传感器。就像人靠眼睛、耳朵、鼻子感知周围环境一样，无人驾驶车则靠摄像头（相机）、激光雷达等感知车辆周围环境和状态，作为后续决策的依据。计算单元则是无人驾驶车的大脑，传感器采集到的数据经过计算单元的运算，最后才能转化为控制信号，控制汽车的行驶。

任务四 组装智能小车

下面学习有关智能小车机械部分的知识，进行智能小车的组装和拼搭。车体配件如图2-4-2所示。

① 螺纹固定。机械固定的方式有很多种，比如螺栓固定、焊接、铆接等，Jetbot智能小车主要使用的是螺纹固定，因此螺钉和螺丝刀就是重要的组装工具。

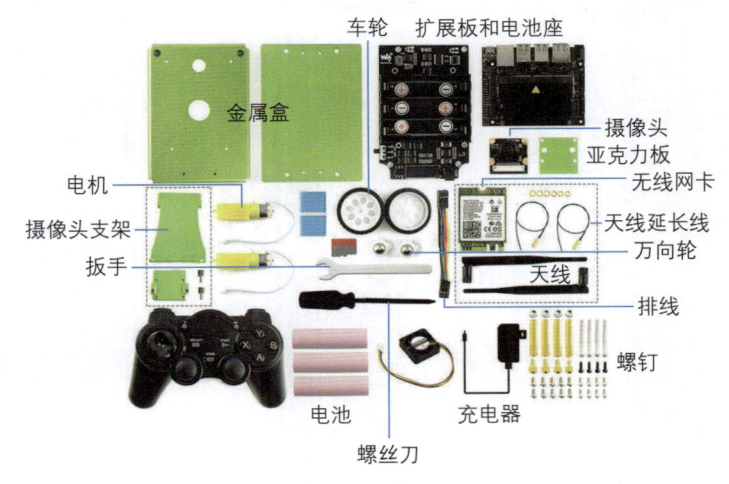

图2-4-2 车体配件图

② 机械安装。正确的机械安装顺序可以大大提高组装效率，如表2-4-3所示。

表2-4-3　机械安装顺序

① 将电机锁到金属盒，注意卡好孔位	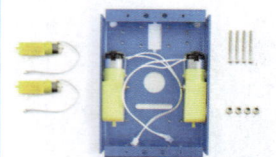 ⑧ 将电池装入电池座，注意正负极方向，要参考白色标识 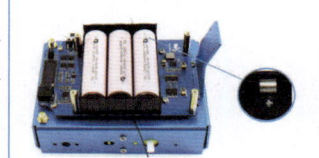
② 将天线延长线锁到天线固定孔上，注意垫片位置，将延长线通过金属盒上的孔穿到外侧	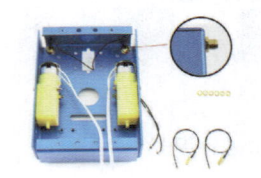 ⑨ 将万向轮上的螺钉拆下，然后将万向轮固定到金属底板上 
③ 将摄像头支架固定到金属盒上	 ⑩ 将金属底板固定到金属盒上 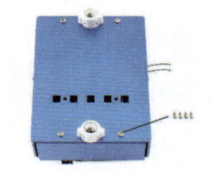
④ 将扩展板固定铜柱锁到金属盒上，准备安装扩展板	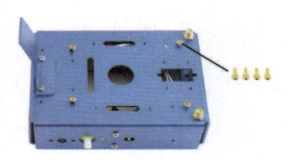 ⑪ 将车轮对好方向，装入电机中 
⑤ 将长铜柱预先固定在扩展板上个，方便后面安装Jetson Nano	 ⑫ 将摄像头转入摄像头支架，注意摄像头之间要隔一块亚克力板 
⑥ 将扩展板固定到金属盒上，调整好天线	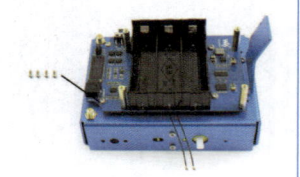 ⑬ 拆下Jetson Nano核心板，将无线网卡装入，并接好天线 
⑦ 将电机线接入扩展板，左边接口连左边电机，右边接口连右边电机	 ⑭ 将胶棒天线装好 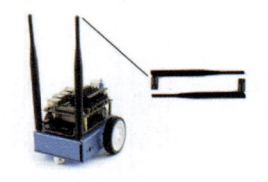

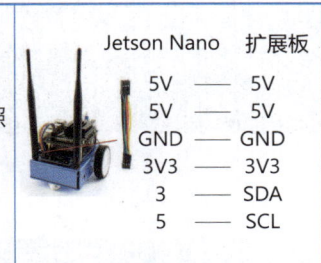

⑮ 把6PIN排线按照标识对应接好	Jetson Nano　扩展板 5V —— 5V 5V —— 5V GND —— GND 3V3 —— 3V3 3 —— SDA 5 —— SCL	⑯ 组装好了之后，就可以将开关拨到ON上电测试了注意电池第一次安装的时候需要用充电器充一会电才可以正常使用	

引导学生说一说对无人驾驶的组成部分中的哪一部分最感兴趣，查阅资料简单记录一下这部分最新的技术进展。

建议：可以引导学生查询芯片、5G、红外传感器等选题内容。

学习活动 二　智能小车基本运动

任务一　智能小车开发环境配置

Jetbot智能小车是基于英伟达Jetson Nano设计的，可以从官网下载Jetbot镜像。

① Jetbot镜像安装，如图2-4-3所示。下载Jetbot镜像，解压出".img"镜像文件，将SD卡（最小64G）通过读卡器读入电脑，使用Etcher软件，烧写镜像文件到SD卡上，烧写完成后，将SD卡弹出。

② 连接外设。将SD卡插入Jetson Nano（SD卡槽位于Jetson Nano核心板的背面，如图2-4-4所示），连接HDMI（高清多媒体接口）显示器、键盘和鼠标，上电启动Jetson Nano。

图2-4-3　Jetbot镜像安装 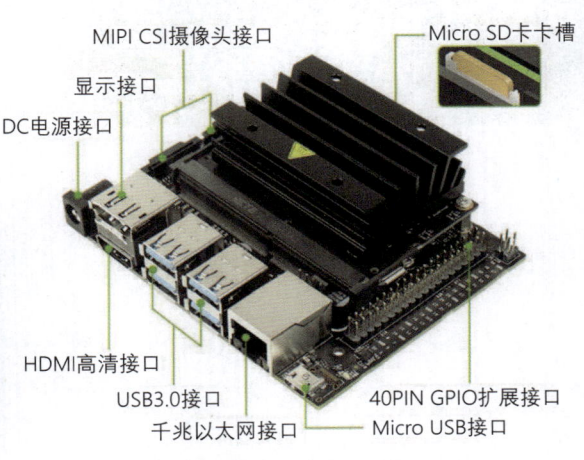　　　　图2-4-4　连接外设

DC—直流；USB—通用串行总线；GPIO—通用输入输出；
MIPI—移动产业处理器接口；CSI—相机串行接口

③ 连接Wi-Fi。登录系统，Jetbot系统的默认用户名和密码均为jetbot，点击系统右上角网络图标连接Wi-Fi，如图2-4-5所示。

图2-4-5　连接Wi-Fi

④ 更新库文件。右键点击桌面，打开终端（terminal），输入以下的指令来安装新的软件库，如图2-4-6所示。

git clone （此处输入网址）

cd jetbot/

sudo python3 setup.py install

然后将更新的软件库覆盖掉旧的软件库。

cd

sudo apt-get install rsync

rsync -r jetbot/notebooks ~ /Notebooks

图2-4-6　更新库文件

⑤ 查看IP（互联网协议）。更新完成后，关机，去掉HDMI显示器、键盘、鼠标。打开Jetbot电源开关，等待Jetbot启动，正常启动之后OLED（有机发光二极管）屏幕上会显示有小车的IP地址，如图2-4-7所示。

⑥ 启动Jupyter。在电脑端打开浏览器（推荐谷歌浏览器），地址栏输入IP地址加端口号8888打开（例如：192.168.6.110:8888），如图2-4-8所示。首次打开需要输入用户名和密码登录，默认用户名和密码均为jetbot。

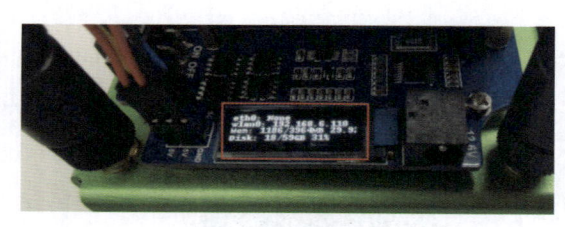

图2-4-7　查看IP

图2-4-8　启动Jupyter

任务二　智能小车电机控制

软件安装完毕就可以运行Jetbot了。登录Jupyter之后，在Jupyter界面找到路径jetbot/notebooks/basic_motion/，打开basic_motion.ipynb文件，导入"robot"类。它是一个封装好的Python代码文件，这类代码文件称为模块。这个类允许用户轻松控制Jetbot的电机，实现智能小车的基本运动。

from jetbot import robot

robot=Robot()

调用robot模块中的各个功能函数，以控制Jetbot实现前进、后退、左转、右转、停止等基本行驶功能。

下面的代码将使Jetbot以一定的速度前进：

robot.forward() #前进

可通过运行下面的代码使Jetbot停止运动：

robot.stop() #停止

还可以控制Jetbot进行其他运动，例如左转、右转、后退：

robot.left() #左转

robot.right() #右转

robot.backward() #后退

上述的功能只能控制Jetbot的运动状态，但无法控制运动时间。想要完成这一功能需要引入time模块，利用sleep函数使得Jetbot按照设定的时间运动：

import time

robot.forward(0.3)

time.sleep(0.5)

robot.stop()

控制单个电机速度有两种方法：

① 使用set_motors，比如左电机设置30%、右电机设置60%的速度，这将实现不同弧度的转向方式，如下程序可以使Jetbot向左转：

  robot.set_motors(0.3,0.6)

  time.sleep(1.0)

  robot.stop()

② 还可以使用另一种方式来完成同样的事情。在robot类中还有两个名为left_motor和right_motor的属性，分别表示左电机和右电机的速度值。设置left_motor和right_motor的属性值value，可以看到Jetbot以与set_motors设置的相同的方式移动。

  robot.left_motor.value=0.3

  robot.right_motor.value=0.6

  time.sleep(1.0)

  robot.left_motor.value=0.0

  robot.right_motor.value=0.0

任务三　通过小部件控制智能小车

可以将控制Jetbot运动的变量值附加到小部件上,从浏览器页面上的可视化按钮控制智能小车的运动。

① 滑块控制。创建两个小滑块来控制Jetbot的运动,运行如图2-4-9中的代码会出现两个滑块。

```python
import ipywidgets.widgets as widgets
from IPython.display import display

# create two sliders with range [-1.0, 1.0]
left_slider = widgets.FloatSlider(description='left', min=-1.0, max=1.0, step=0.01, orientation='vertical')
right_slider = widgets.FloatSlider(description='right', min=-1.0, max=1.0, step=0.01, orientation='vertical')

# create a horizontal box container to place the sliders next to each other
slider_container = widgets.HBox([left_slider, right_slider])

# display the container in this cell's output
display(slider_container)
```

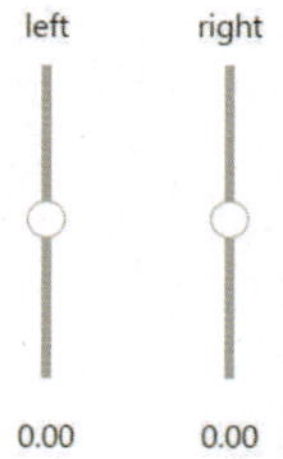

图2-4-9　滑块控制

尝试单击或上下拖动滑块,会看到数值的变化,但是Jetbot的电机却没有任何反应,那是因为没有将它们链接到电机上。下面使用traitlets来实现滑块链接到电机,如图2-4-10所示。

```python
import traitlets

left_link = traitlets.link((left_slider, 'value'), (robot.left_motor, 'value'))
right_link = traitlets.link((right_slider, 'value'), (robot.right_motor, 'value'))
```

图2-4-10　traitlets链接程序

现在尝试拖动滑块来观察Jetbot的运动变化,注意拖动滑块时不要太快,以免小车速度过快造成损伤。

② 按钮控制。先创建一些用来控制Jetbot的按钮,将其显示在Jupyter上,如图2-4-11所示。

```python
# create buttons
button_layout = widgets.Layout(width='100px', height='80px', align_self='center') #确定按钮外形
forward_button = widgets.Button(description='forward', layout=button_layout) #设计不同名称按钮
backward_button = widgets.Button(description='backward', layout=button_layout)
left_button = widgets.Button(description='left', layout=button_layout)
right_button = widgets.Button(description='right', layout=button_layout)
stop_button = widgets.Button(description='stop', button_style='danger', layout=button_layout)

# display buttons
middle_box = widgets.HBox([left_button, stop_button, right_button], layout=widgets.Layout(align_self='center'))
controls_box = widgets.VBox([forward_button, middle_box, backward_button]) #将按钮封装
display(controls_box) #显示按钮
```

图2-4-11　创建按钮

这时可以看到上面显示的一组机器人控制按钮,但点击按钮没有任何反应,为此,需创建一些函数,如图2-4-12所示。

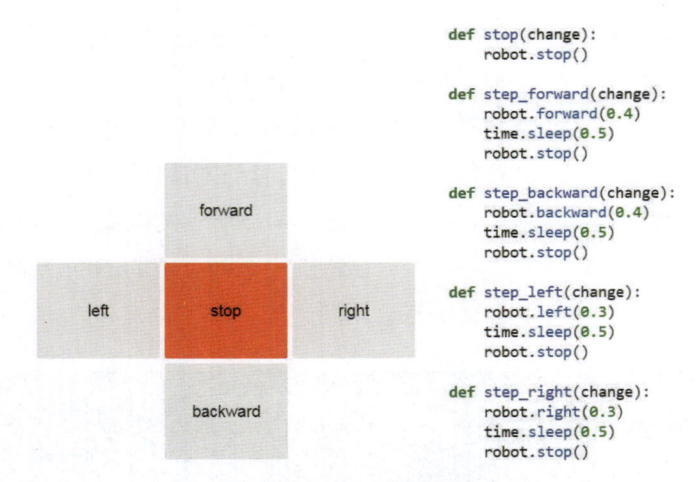

```python
def stop(change):
    robot.stop()

def step_forward(change):
    robot.forward(0.4)
    time.sleep(0.5)
    robot.stop()

def step_backward(change):
    robot.backward(0.4)
    time.sleep(0.5)
    robot.stop()

def step_left(change):
    robot.left(0.3)
    time.sleep(0.5)
    robot.stop()

def step_right(change):
    robot.right(0.3)
    time.sleep(0.5)
    robot.stop()
```

图2-4-12　创建函数

把这些函数附加到每一个按钮的on_click事件，这样点击按钮就可以运行相应的函数，如图2-4-13所示。

```python
# Link buttons to actions
stop_button.on_click(stop)
forward_button.on_click(step_forward)
backward_button.on_click(step_backward)
left_button.on_click(step_left)
right_button.on_click(step_right)
```

图2-4-13　运行函数

任务四　智能小车遥控

智能小车遥控如图2-4-14所示。

图2-4-14　智能小车遥控

将USB适配器插入电脑的USB接口，将电池装入电池盒然后盖好，将开关拨到ON。

观察手柄前面的显示面板，如果面板指示灯没有亮的话，按下HOME键。

手柄有两种工作模式，可以按下HOME键来切换，当只有一个指示灯的时候，摇杆输出的值为0、1；如果面板显示为两个指示灯的时候，摇杆可以输出模拟值。

打开网页，如果手柄通信正常，会看到如图2-4-15所示的画面，按下手柄上的按键看是否被识别到，如果被正常识别就可以了。要特别注意网页中的INDEX的值，这个也是手柄的INDEX值，需要记下这个值，接下来会用到。

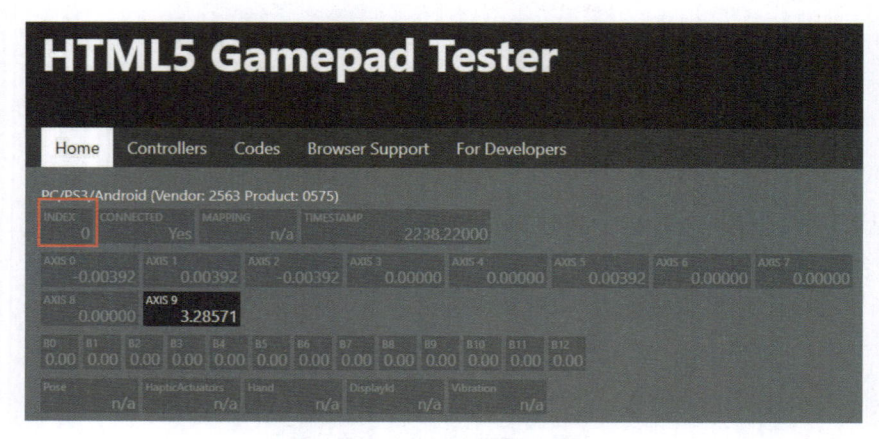

图2-4-15　INDEX值数据图

在Jupyter界面找到路径jetbot/notebooks/teleoperation/，打开teleoperation.ipynb文件。把方框处index值改成之前识别手柄的实际值，改好后可运行此程序，如图2-4-16所示。

```
import ipywidgets.widgets as widgets
controller = widgets.Controller(index=0)  # replace with index of your controller
display(controller)
```

图2-4-16　调整程序

运行后会显示controller（控制器）的示意图，如图2-4-17所示。按下手柄上的按键或者摇杆，这里会显示手柄状态，请依次按下手柄上的按键测试。

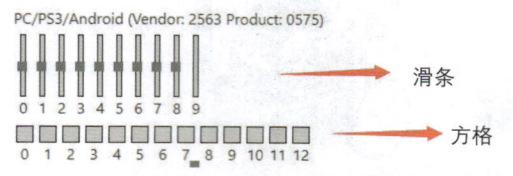

图2-4-17　controller示意图

controller分为滑条和方格按键，对应到程序，即axes[]和buttons[]，想要使用哪个按键控制智能小车运动，就记下对应的编号。

接下来，在程序中将Jetbot电机与按键进行链接，如图2-4-18所示，这样就可以遥控智能小车了。

```python
from jetbot import Robot
import traitlets

robot = Robot()

left_link = traitlets.dlink((controller.axes[1], 'value'), (robot.left_motor, 'value'), transform=lambda x: -x)
right_link = traitlets.dlink((controller.axes[1], 'value'), (robot.right_motor, 'value'), transform=lambda x: -x)
```

图2-4-18　程序编辑

尝试修改程序，以便使用遥控手柄控制智能车前后左右运动，如图2-4-19所示。

图2-4-19　手柄功能示意图

学习活动 三　视觉避障

目前无人驾驶中常用的避障方案有两种，分别为传统避障方案和深度学习避障方案。传统避障方案主要使用超声波、激光雷达、双目摄像头等设备；深度学习避障方案只需要一个摄像头，利用深度学习算法优势就能实现鲁棒性[1]较强的避障。

Jetbot智能小车自主避障实质上是利用深度神经网络，将障碍物测量问题转化为图像识别问题进行分类处理，遇到障碍物则转弯，没有障碍物则前进，然后通过分类所得到的标记来控制智能小车的决策，如图2-4-20所示。

---

[1] 鲁棒性用于反映一个系统在面临着内部结构或外部环境的改变时也能够维持其功能稳定运行的能力。

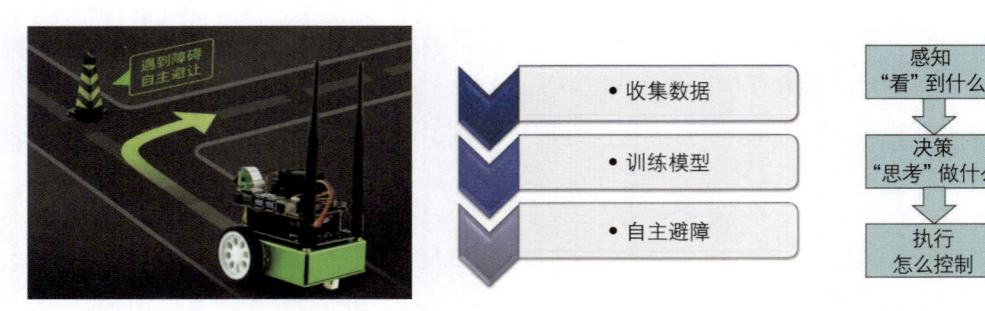

图2-4-20　视觉避障流程

任务一　数据采集

在Jupyter界面找到路径jetbot/notebooks/collision_avoidance/，打开data_collection.ipynb文件。

创建摄像头链接，将摄像头画面显示在网页上，注意不要修改摄像头的分辨率设置，如图2-4-21所示。

```python
import traitlets
import ipywidgets.widgets as widgets
from IPython.display import display
from jetbot import Camera, bgr8_to_jpeg

camera = Camera.instance(width=224, height=224)

image = widgets.Image(format='jpeg', width=224, height=224)  # this width and height doesn't

camera_link = traitlets.dlink((camera, 'value'), (image, 'value'), transform=bgr8_to_jpeg)

display(image)
```

图2-4-21　摄像头链接程序

创建一个dataset目录，用来存放收集的图片。在dataset目录下创建两个文件夹，分别是blocked和free。blocked文件夹将用来存放避障场景图片，而free文件将用来存放畅通场景图片，如图2-4-22所示。

```python
import os

blocked_dir = 'dataset/blocked'
free_dir = 'dataset/free'

# we have this "try/except" statement because these next functions
# can throw an error if the directories exist already
try:
    os.makedirs(free_dir)
    os.makedirs(blocked_dir)
except FileExistsError:
    print('Directories not created becasue they already exist')
```

图2-4-22　创建文件夹程序

创建两个按钮和两个显示框，以便了解总共收集了多少张图像，如图2-4-23所示。

```
button_layout = widgets.Layout(width='128px', height='64px')
free_button = widgets.Button(description='add free', button_style='success', layout=button_layout)
blocked_button = widgets.Button(description='add blocked', button_style='danger', layout=button_layout)
free_count = widgets.IntText(layout=button_layout, value=len(os.listdir(free_dir)))
blocked_count = widgets.IntText(layout=button_layout, value=len(os.listdir(blocked_dir)))

display(widgets.HBox([free_count, free_button]))
display(widgets.HBox([blocked_count, blocked_button]))
```

图2-4-23　创建按钮与显示框

这里分别写了三个函数，如图2-4-24所示。

第一个为save_snapshot(directory)，这个函数是用来保存图片，会被按键触发程序调用，函数将当前的摄像头图像保存到对应的路径下。

第二个为save_free()函数，对应图2-4-23中的add free按钮，函数中调用保存图片函数，将当前摄像头图像保存到free文件夹中，并更新free的图片数量。

第三个为save_blocked()函数，是将当前的图像保存到blocked文件夹中，并更新图片数量。

```
from uuid import uuid1
#用来保存图片,会被按键触发程序调用,函数将当前的摄像头图像保存到对应的路径下
def save_snapshot(directory):
    image_path = os.path.join(directory, str(uuid1()) + '.jpg')
    with open(image_path, 'wb') as f:
        f.write(image.value)
#对应图2-4-23中的add free按钮,函数中调用保存图片函数,将当前摄像头图像保存到free文件夹中,并更新free的图片数量
def save_free():
    global free_dir, free_count
    save_snapshot(free_dir)
    free_count.value = len(os.listdir(free_dir))
#同理,对应add blocked按钮,将当前的图像保存到blocked文件夹中,并更新图片数量
def save_blocked():
    global blocked_dir, blocked_count
    save_snapshot(blocked_dir)
    blocked_count.value = len(os.listdir(blocked_dir))
#将函数和按键关联起来,以便在点击按钮的时候执行相应的函数
free_button.on_click(lambda x: save_free())
blocked_button.on_click(lambda x: save_blocked())
```

图2-4-24　函数程序

将按钮和摄像头图像显示在一起，方便操作。现在，可以将智能小车放到准备做避障的场景中去，分别收集避障场景图片和畅通场景图片，如图2-4-25所示。

如图2-4-26所示，如果当前的场景有障碍物，小车需要转弯，就按下add blocked键；如果当前的场景是畅通的，小车可以直行，就按下add free按钮。为了保持较好的避障效果，建议每种场景至少收集100张图片。

图2-4-25　收集避障场景图片和畅通场景图片

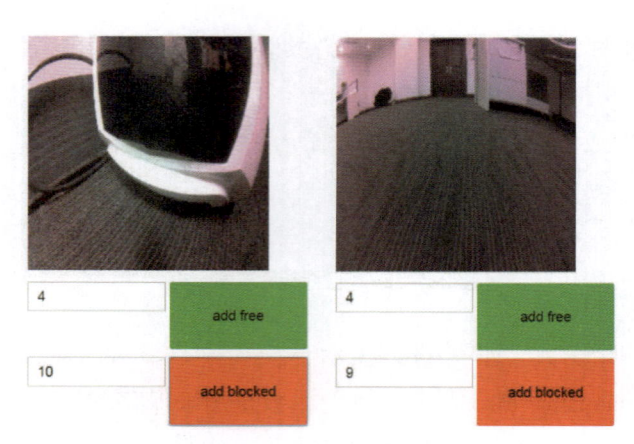

图2-4-26　场景收集图片

任务二　模型训练

在Jupyter界面找到路径jetbot/notebooks/collision_avoidance/，打开train_model.ipynb文件。导入深度学习函数库PyTorch，如图2-4-27所示。

使用ImgeFolder类，将数据包转化，方便后面做训练，如图2-4-28所示。

```python
import torch
import torch.optim as optim
import torch.nn.functional as F
import torchvision
import torchvision.datasets as datasets
import torchvision.models as models
import torchvision.transforms as transforms
```

图2-4-27　深度学习程序

```python
dataset = datasets.ImageFolder(
    'dataset',
    transforms.Compose([
        transforms.ColorJitter(0.1, 0.1, 0.1, 0.1),
        transforms.Resize((224, 224)),
        transforms.ToTensor(),
        transforms.Normalize([0.485, 0.456, 0.406], [0.229, 0.224, 0.225])
    ])
)
```

图2-4-28　ImgeFolder程序

将数据包分成两组，分别是训练组和测试组，测试组用来验证模型的精确度，如图2-4-29所示。

```python
train_dataset, test_dataset = torch.utils.data.random_split(dataset, [len(dataset) - 50, 50])
```

图2-4-29　数据包分组程序

创建两个实例，用于后面混排数据并生成图片，如图2-4-30所示。

然后定义神经网络，如图2-4-31所示：

① 可以直接使用预训练的模型中一些已经学习到的功能，然后训练新的任务，这样会节省很多工夫。视觉避障任务使用的预训练模型是"alexnet"模型。

② alexnet模型是针对具有1000个类标签的数据集进行训练的，但这里需要判断的就只有两种情况，即避障和直行，所以只需要两个类标签，这里需要处理一下。

③ 将模型转换，以便在GPU上运行。

```
train_loader = torch.utils.data.DataLoader(
    train_dataset,
    batch_size=16,
    shuffle=True,
    num_workers=4
)
test_loader = torch.utils.data.DataLoader(
    test_dataset,
    batch_size=16,
    shuffle=True,
    num_workers=4
)
```

```
model = models.alexnet(pretrained=True)

model.classifier[6] = torch.nn.Linear(model.classifier[6].in_features, 2)

device = torch.device('cuda')
model = model.to(device)
```

图2-4-30　创建实例程序　　　　　　　　图2-4-31　alexnet模型程序

接下来是模型训练，这里会做30轮训练，训练结束之后会生成一个best_model.pth模型文件，等待训练完成即可，如图2-4-32所示。

```
NUM_EPOCHS = 30
BEST_MODEL_PATH = 'best_model.pth'
best_accuracy = 0.0

optimizer = optim.SGD(model.parameters(), lr=0.001, momentum=0.9)

for epoch in range(NUM_EPOCHS):
    
    for images, labels in iter(train_loader):
        images = images.to(device)
        labels = labels.to(device)
        optimizer.zero_grad()
        outputs = model(images)
        loss = F.cross_entropy(outputs, labels)
        loss.backward()
        optimizer.step()
    
    test_error_count = 0.0
    for images, labels in iter(test_loader):
        images = images.to(device)
        labels = labels.to(device)
        outputs = model(images)
        test_error_count += float(torch.sum(torch.abs(labels - outputs.argmax(1))))
    
    test_accuracy = 1.0 - float(test_error_count) / float(len(test_dataset))
    print('%d: %f' % (epoch, test_accuracy))
    if test_accuracy > best_accuracy:
        torch.save(model.state_dict(), BEST_MODEL_PATH)
        best_accuracy = test_accuracy
```

图2-4-32　alexnet模型训练程序

任务三　避障驾驶

在Jupyter界面找到路径jetbot/notebooks/collision_avoidance/，打开live_demo.ipynb文

件。初始化PyTorch模型，如图2-4-33所示。

```
import torch
import torchvision

model = torchvision.models.alexnet(pretrained=False)
model.classifier[6] = torch.nn.Linear(model.classifier[6].in_features, 2)
```

图2-4-33　初始化PyTorch模型程序

加载前面训练好的模型文件，并将模型加载到CPU内存，准备传入GPU设备中做计算，如图2-4-34所示。

```
model.load_state_dict(torch.load('best_model.pth'))

device = torch.device('cuda')
model = model.to(device)
```

图2-4-34　加载模型程序

处理摄像头（相机）图像数据，便于后面做运算。因为训练模型的图像格式与相机的图像格式不完全匹配，所以需要进行一些预处理。这涉及以下步骤：从BGR转换为RGB格式；从HWC布局转换为CHW布局；使用与训练期间相同的参数进行归一化，这里用到的相机提供[0，255]范围内的值，并训练[0，1]范围内的已加载图像，因此需要缩放255.0；将数据从CPU内存传输到GPU内存；添加批次尺寸，如图2-4-35所示。

```
import cv2
import numpy as np

mean = 255.0 * np.array([0.485, 0.456, 0.406])
stdev = 255.0 * np.array([0.229, 0.224, 0.225])

normalize = torchvision.transforms.Normalize(mean, stdev)

def preprocess(camera_value):
    global device, normalize
    x = camera_value
    x = cv2.cvtColor(x, cv2.COLOR_BGR2RGB)
    x = x.transpose((2, 0, 1))
    x = torch.from_numpy(x).float()
    x = normalize(x)
    x = x.to(device)
    x = x[None, ...]
    return x
```

图2-4-35　图像数据处理

将摄像头图像显示在网页上，同时用一个滑动条来显示当前图片被阻止的可能性（避障值），如图2-4-36所示。

```
import traitlets
from IPython.display import display
import ipywidgets.widgets as widgets
from jetbot import Camera, bgr8_to_jpeg

camera = Camera.instance(width=224, height=224)
image = widgets.Image(format='jpeg', width=224, height=224)
blocked_slider = widgets.FloatSlider(description='blocked', min=0.0, max=1.0, orientation='vertical')

camera_link = traitlets.dlink((camera, 'value'), (image, 'value'), transform=bgr8_to_jpeg)

display(widgets.HBox([image, blocked_slider]))
```

图2-4-36　避障值程序

调用robot库，准备小车的运动，如图2-4-37所示。
根据避障值，来操作小车是直行还是转弯（避障）。如果在做避障的时候，觉得小车速度太快可以减小robot.

```
from jetbot import Robot
robot = Robot()
```

图2-4-37　调用robot库

forward()里面的参数值来降低小车的前行速度，减小robot.left()里面的参数值来降低小车的转弯幅度，如图2-4-38所示。

```python
import torch.nn.functional as F
import time

def update(change):
    global blocked_slider, robot
    x = change['new']
    x = preprocess(x)
    y = model(x)
    
    # we apply the `softmax` function to normalize the output vector so it sums to 1
    # (which makes it a probability distribution)
    y = F.softmax(y, dim=1)
    
    prob_blocked = float(y.flatten()[0])
    
    blocked_slider.value = prob_blocked
    
    if prob_blocked < 0.5:
        robot.forward(0.4)
    else:
        robot.left(0.4)
    
    time.sleep(0.001)

update({'new': camera.value})  # we call the function once to intialize
```

图2-4-38　参数调整

实时更新摄像头数据，便于观察，如图2-4-39所示。

```python
# this attaches the 'update' function to the 'value' traitlet of our camera
camera.observe(update, names='value')
```

图2-4-39　更新摄像头数据

现在Jetbot可以智能地避开障碍物了，如果Jetbot没有很好地避免碰撞，请学生尝试找出失败的位置，在这些故障情况下收集更多数据帮助Jetbot变得更好。

学习活动　四　智能小车作品赏析

通过系列的学习活动，学生完成了一个Jetbot智能小车的案例，其主要功能有以下4个方面。

① 基本行驶，包括前进、后退、左转、右转、停止等。
② 通过手柄可以遥控智能小车的运动。
③ 通过摄像头可以完成图像信息的采集。
④ 使用深度神经网络实现障碍物识别，能够自主避障。

相应的智能小车作品如图2-4-40所示。

图2-4-40　智能小车作品赏析

展示与反思

请学生思考并回答如下问题。

① 在项目制作过程中,你遇到了哪些问题?你是如何解决的?通过问题的解决你获取了哪些经验?

② 你的作品中使用了哪些核心技术,这些技术还可以应用到哪些领域来解决新的问题?

③ 你认为你的作品还有哪些功能不够完善?请写出你的改进方案。

实例五

智能鸟巢项目的设计与制作

鸟类是人类最亲密的野生动物，我们时常会向往鸟语花香的优美环境，小鸟清脆的鸣叫声会给人们的生活带来更多的美好体验。《世界保护益鸟公约》将每年的4月1日定为"国际爱鸟日"，我国也设立了多个鸟类自然保护区。在城市的森林公园中，我们经常能够看到一些人工鸟巢，这是人们为了让小鸟有更好的生活环境而搭建的。

随着智能化设备不断地发展，我们可以将普通的人工鸟巢加入传感器，同时结合互联网技术将其变成一个智能的鸟巢。这不仅能够给鸟类提供更加舒适的生活环境，还能方便科研人员对鸟类的生活习性进行观察和研究。

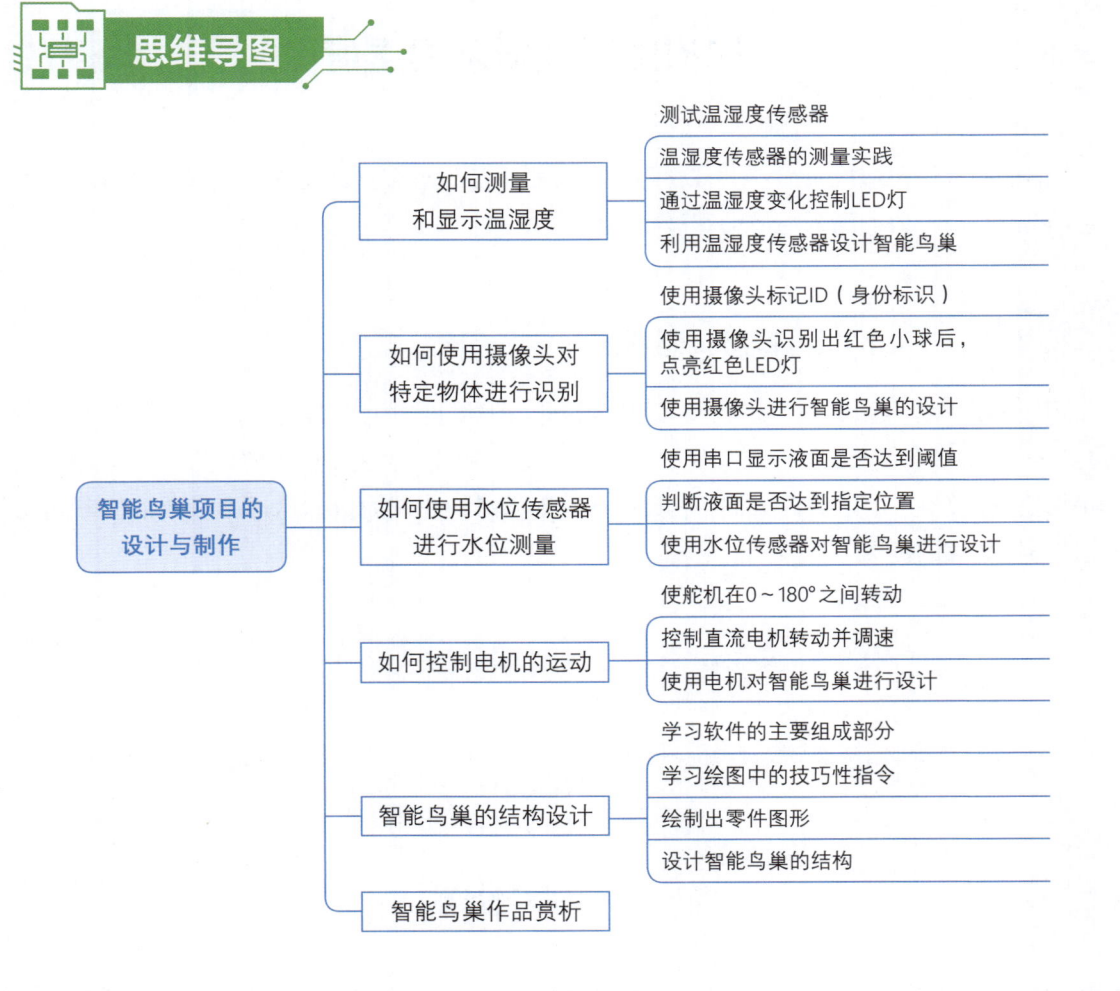

思维导图

- 智能鸟巢项目的设计与制作
  - 如何测量和显示温湿度
    - 测试温湿度传感器
    - 温湿度传感器的测量实践
    - 通过温湿度变化控制LED灯
    - 利用温湿度传感器设计智能鸟巢
  - 如何使用摄像头对特定物体进行识别
    - 使用摄像头标记ID（身份标识）
    - 使用摄像头识别出红色小球后，点亮红色LED灯
    - 使用摄像头进行智能鸟巢的设计
  - 如何使用水位传感器进行水位测量
    - 使用串口显示液面是否达到阈值
    - 判断液面是否达到指定位置
    - 使用水位传感器对智能鸟巢进行设计
  - 如何控制电机的运动
    - 使舵机在0~180°之间转动
    - 控制直流电机转动并调速
    - 使用电机对智能鸟巢进行设计
  - 智能鸟巢的结构设计
    - 学习软件的主要组成部分
    - 学习绘图中的技巧性指令
    - 绘制出零件图形
    - 设计智能鸟巢的结构
  - 智能鸟巢作品赏析

发现与思考

① 学生通过查阅资料,了解人工鸟巢的外观,尝试将自己发现的鸟巢以草图的方式画出来。

② 学生利用互联网查阅资料,搜索并了解一下目前有哪些智能鸟巢的设计,用思维导图的方式将其表示出来。

③ 学生思考现有人工鸟巢还有哪些功能不够完善,如何通过增加输入输出设备的方式提升鸟巢的功能,可以在图2-5-1中标记出来。

图2-5-1 鸟巢图片

任务与实践

学习活动 一 如何测量和显示温湿度

本活动介绍温湿度传感器,在学习的过程中请学生思考如何将这些传感器合理地融入鸟巢的设计中,进而增强鸟巢的智能化程度。

任务一 测试温湿度传感器

这里使用型号为DHT11的温湿度传感器进行温湿度检测,其可以同时检测温度和湿度。一般在使用传感器之前,都需要对传感器进行测试,通过测试了解传感器在不同环境和状态下的变化。图2-5-2中的程序以温湿度传感器的测试为例,通过串口通信的方式完成传感器数值的读取。

图2-5-2 温湿度传感器测试

任务二　温湿度传感器的测量实践

学生使用串口通信的方式，读取环境的温湿度数值，并记录在表2-5-1中。

表2-5-1　测量数据记录表格

测量区域及指标	传感器数值	温湿度计数值	误差值/%
教室内的温度			
教室内的湿度			
楼道内的温度			
楼道内的湿度			
操场上的温度			
操场上的湿度			

传感器测量的结果可能与实际数值存在一定的误差，可以通过程序对误差进行补偿。例如，测量的温度值比温度计的数值要低2℃，在显示数值时可以用图2-5-3中的模块将测量值"+2"，从而使显示的数值更加贴近真实数值。

图2-5-3　测量值调整

任务三　通过温湿度变化控制LED灯

可以先设定一个阈值，当温度高于设定值时，LED灯亮，否则LED灯灭，这样就可以通过温度变化来控制LED灯。通过对任务的简单分析能够了解到，传感器的不同数值引导程序执行相应的内容，需要用到分支结构，如图2-5-4所示。

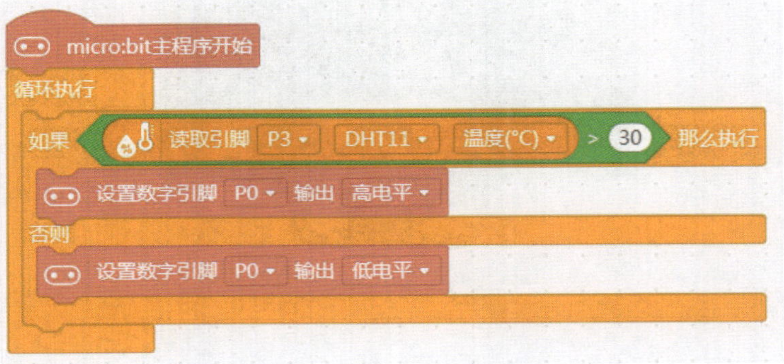

图2-5-4　分支结构程序

有时还需要将温度或者湿度值设定在一定的范围内，此时需要逻辑运算的帮助。逻辑运算包含与、或、非三种，根据任务的需要选择不同的逻辑运算。图2-5-5的程序通过运用"与"运算将条件设定在30～35℃之间。

图2-5-5　逻辑运算程序

任务四　利用温湿度传感器设计智能鸟巢

学习了温湿度传感器以后，学生思考如何利用温湿度传感器进行智能鸟巢的设计，并写出自己的设计思路。

学习活动 二　如何使用摄像头对特定物体进行识别

近年来，人工智能技术不断发展，图像识别技术也有了长足的进步，使用起来也更加方便。本活动介绍一款应用简单、操作便捷的摄像头——哈士奇摄像头。该摄像头中集成了人脸识别、物体识别、二维码识别、颜色识别等功能，使用者可以利用摄像头上自带的屏幕进行操作。图2-5-6是摄像头的外观图。

图2-5-6　摄像头

第二篇
人工智能项目实例

> **任务一**　使用摄像头标记ID（身份标识）

摄像头已经对一些特定内容进行过训练，诸如颜色、人脸、二维码等，在使用摄像头进行识别前，需要对其进行标记。比如，要让摄像头识别出红色，就要把摄像头放到一个比较标准的红色物体前面，按下按钮看到屏幕显示出ID1就完成标记了，如图2-5-7所示。

学生按照表2-5-2的要求完成任务。

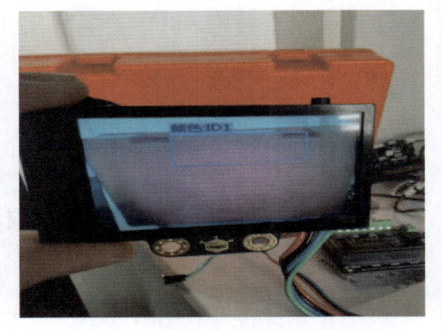

图2-5-7　完成标记

表2-5-2　识别内容

ID号	识别内容1	识别内容2
ID1	水杯	红色
ID2	屏幕	绿色
ID3	汽车	白色

> **任务二**　使用摄像头识别出红色小球后，点亮红色LED灯

任务一讲述了如何对特定物体进行标定。在程序（图2-5-8）中，只要使用"if"（如果）模块对标定好的ID号进行判断，就可以控制相应的输出设备做出反应。

图2-5-8　程序展示

> **任务三**　使用摄像头进行智能鸟巢的设计

在这个任务中，引导学生结合摄像头的功能进行智能鸟巢的设计，写出自己的设计思路。

学习活动 三　如何使用水位传感器进行水位测量

本活动介绍一款非接触式的水位（液面）传感器，如图2-5-9所示。使用时，可以将传感器安装在容器壁上，通过容器内有水与无水时电容的变化来测量液面高度。

图2-5-9　水位传感器外观

> **任务一**　使用串口显示液面是否达到阈值

按照之前使用温湿度传感器的经验，这里也可以通过串口通信的方式来观测在液面高度不同的情况下，传感器反映出来的数值，如图2-5-10所示。传感器是一个返回值为"0或1"的开关量传感器，显示"1"就是达到或超过阈值，反之则没有达到，如图2-5-11所示。

图2-5-10　水位传感器测试程序

图2-5-11　串口监视器显示

任务二　判断液面是否达到指定位置

液面传感器能检测出液面是否达到相应的高度，在程序设计中用到分支结构，如图2-5-12所示。

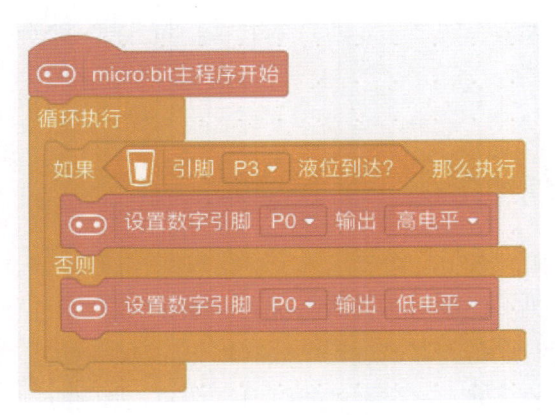

图2-5-12　分支结构程序

引导学生思考，如果提供两个液面传感器如何来判断不同的液面高度？请学生结合程序完成表2-5-3。

表2-5-3　液面高度判断表

程序模块	可判断的高度
引脚 P3 液位到达？ 与 引脚 P4 液位到达？	
非 引脚 P3 液位到达？ 与 引脚 P4 液位到达？	
非 引脚 P4 液位到达？ 与 引脚 P3 液位到达？	
非 引脚 P4 液位到达？ 与 非 引脚 P3 液位到达？	

任务三　使用水位传感器对智能鸟巢进行设计

水位传感器能够在非接触液面的情况下完成水位的测量。学生利用水位传感器进行智能鸟巢的设计，并将设计思路写出来。

学习活动 四 如何控制电机的运动

电机是我们常用的一种输出设备，又被称为电动机，能够将电能转化为机械能。根据电机的特点可以将其分为不同种类，如直流电机、舵机等。本活动中将主要讲解上述两种电机。

任务一 使舵机在0~180°之间转动

机器人身上很多个"关节"都可以灵活、自由地转动，其实这些"关节"有一个专业的名字——舵机。舵机不仅被用在机器人身上，还可以用在航模或者船模上，用来控制模型的舵。舵机最大的特点是能够通过程序控制轴（舵盘）的旋转角度。在一些任务中，机械结构需要转到特定的角度，这个时候就用到舵机了，如图2-5-13所示。

- 工作电压：4.8~6.0V
- 使用温度：-20~+60℃
- 运行速度：0.19s/60°(4.8V)；0.15s/60°(6.0V)
- 舵机扭矩：3.0kg·cm(4.8V)/3.5kg·cm(6.0V)

图2-5-13 舵机

在这里介绍一个"变量"的概念：所谓"变量"简单来讲就是不断变化的量。图2-5-14的程序中，命名了一个叫作"pos"的变量，并且在程序执行中让变量不断增加或减小，再将变量值赋给舵机，从而实现让舵机在0~180°之间进行循环转动。程序中还用到了一个"重复执行直到"的模块，这是一个条件循环模块。当条件没有达到的时候，会一直执行循环体的内容。

程序中使用的变量最好能够看到其名称就能了解其要表达的含义。图2-5-14的程序中用到的"pos"就是position的缩写，表示舵机转动的位置。

图2-5-14 舵机例程

任务二　控制直流电机转动并调速

直流电机在机器人项目中使用得尤为广泛，轮式机器人、履带式机器人等都会用到直流电机，如图2-5-15所示。简单来讲，直流电机在程序的控制下可以带动输出轴做圆周运动，其运动的方向和速度都可以通过程序来进行调节和改变。

- 额定电压：6V
- 工作电压：2～7.5V
- 齿轮箱减速比：45∶1
- D轴输出直径：4mm
- 空载转速：133r/min(6V)

图2-5-15　直流电机

在使用直流电机时，也要了解几个重要的参数，如工作电压、转速、减速比等，转速程序如图2-5-16所示。通过这些参数能够更加清楚地了解电机的特征，从而更好地根据需求进行选择。同时，还要关注电机输出轴的形状，结合项目的内容选择不同的连接方式。直流电机大多有两个电极，需要借助电机驱动板才能完成对电机的驱动。

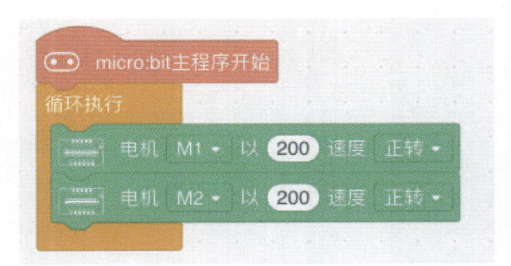

图2-5-16　直流电机程序

任务三　使用电机对智能鸟巢进行设计

结合电机的基础知识，可以为智能鸟巢增加更多的功能。学生将自己的设计写出来。

学习活动　五　智能鸟巢的结构设计

本活动使用一款很容易学习和使用的画图软件——LaserMaker，通过软件的绘图可以完成鸟巢的外观设计。

任务一　学习软件的主要组成部分

软件提供了建模常用的基本图形,以及一些方便操作的命令。下面先来了解一下这个软件的界面构成,如图2-5-17所示。

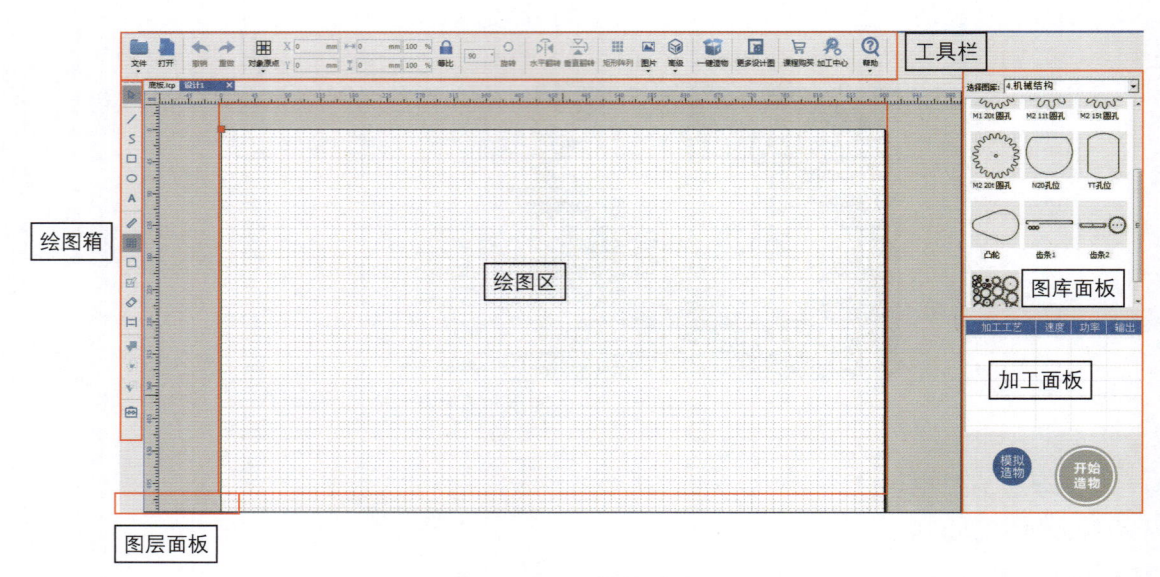

图2-5-17　软件界面

熟悉了软件的界面后完成表2-5-4。

表2-5-4　软件绘图使用命令记录表

绘制图形	需要使用的命令
绘制矩形	
绘制同心圆	
绘制圆角菱形	
绘制24齿齿轮	
绘制7孔梁	

任务二　学习绘图中的技巧性指令

绘图指令区中包含绘制平面图的常用指令以及一些基础图形,其使用的方式与Windows系统中的画图板有些类似。以鸟巢的底板为例,可以选择长方形、直线等命令进行底板模型绘制,同时还需要考虑底板与侧板的连接,在底板上留出插槽。在这里可以使用图2-5-18中的等比工具调节零件的尺寸大小，如果需要等比例缩放还可以选择相应的比例。如果绘制的图形有比较好的对称特征，还可以使用左右翻转或上下翻转来实现对称的效果。

在绘图过程中，有时会将同一个图形"复制"很多个，此时可以选择"矩形阵列"命令，如图2-5-19所示。根据需要可以选择水平方向和竖直方向的阵列，这样就将一个需要复制的形状复制出来了。

学生使用绘图软件完成图2-5-20中图形的绘制。

图2-5-18　等比工具

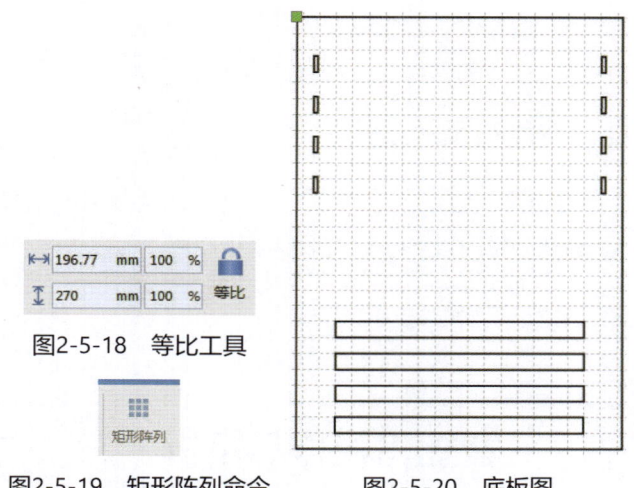

图2-5-19　矩形阵列命令

图2-5-20　底板图

任务三　绘制出零件图形

学生绘制出图2-5-21中的零件图形（尺寸不限）。

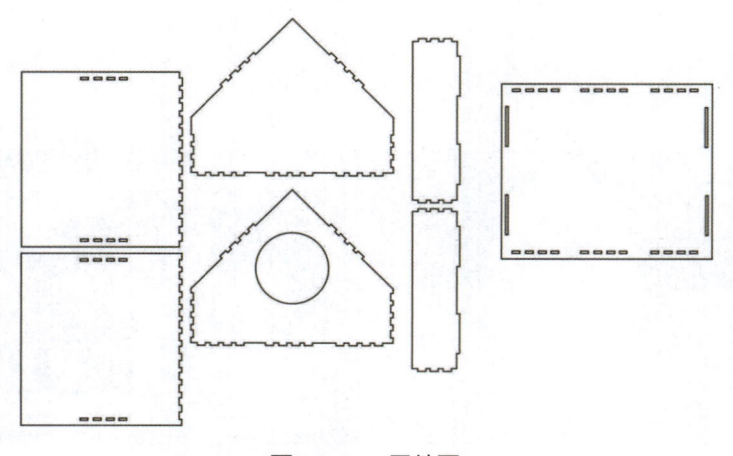

图2-5-21　零件图

学生在表2-5-5中写出在绘制过程中遇到的问题以及解决方法。

表2-5-5　绘制过程中遇到的问题及解决办法

遇到的问题	解决方案

任务四　设计智能鸟巢的结构

学生结合使用传感器和输出设备对智能鸟巢的设计，绘制出智能鸟巢的结构图。在绘制过程中要考虑传感器以及相应的输出设备的安装孔位置。

学习活动 六　智能鸟巢作品赏析

结合前面讲到的一些基本知识，这里介绍一个智能鸟巢的案例，如图2-5-22所示。其主要功能有以下几个方面。

① 通过OLED屏幕显示鸟巢内的温湿度数值。

② 水位传感器实时对鸟巢中的喂水盒进行监测，水量不足时会点亮LED灯，提示管理员。

③ 如果鸟巢内温度过高，会打开风扇为鸟巢降温。

图2-5-22　智能鸟巢

展示与反思

请学生思考并回答如下问题。

① 在项目制作过程中,你遇到了哪些问题,是如何解决的,通过问题的解决你获取了哪些经验?

② 你的作品中使用了哪些核心技术,这些技术还可以应用到哪些领域来解决新的问题?

③ 你认为你的作品还有哪些功能不够完善?请写出你的改进方案。

实例六

姿态分类挑战

近年来，随着信息技术的发展和智能科技的普及，全球科技变革正在进一步推进，云计算、物联网、大数据和人工智能等技术也在飞速发展，其中，人体姿态识别技术已开始在计算机视觉相关领域中广泛应用。早在20世纪70年代，我国就已经开始了对人体行为分析方面的研究，这些研究对于我国人工智能的发展有较强的推动作用。

分类任务是人工智能技术要实现的任务中最重要也是最广泛的一种任务。本实例着眼于姿态分类问题，实践完成三种姿态的区分方法，探索传统数据分析和人工智能的相同与不同之处，也为校园中的姿态类科创项目提供思路和经验。

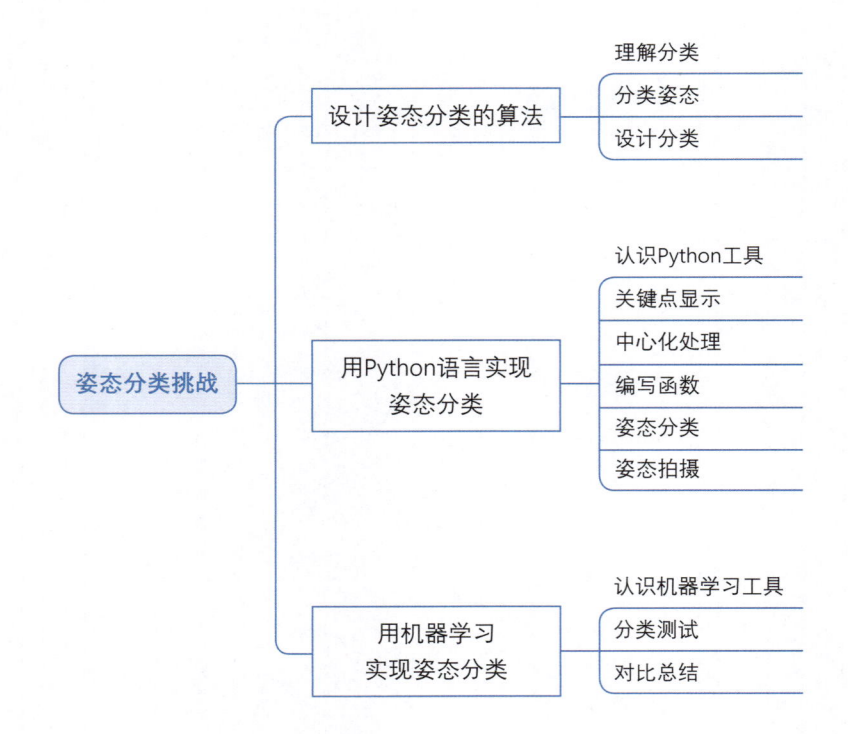

思维导图

- 姿态分类挑战
  - 设计姿态分类的算法
    - 理解分类
    - 分类姿态
    - 设计分类
  - 用Python语言实现姿态分类
    - 认识Python工具
    - 关键点显示
    - 中心化处理
    - 编写函数
    - 姿态分类
    - 姿态拍摄
  - 用机器学习实现姿态分类
    - 认识机器学习工具
    - 分类测试
    - 对比总结

第二篇
人工智能项目实例

发现与思考

学生通过查阅资料，了解人体姿态识别的人工智能应用有哪些，画出草图并做简要描述。

任务与实践

学习活动 一 设计姿态分类的算法

任务一 理解分类

分类是指系统性地将一个物体分到各个类别的过程。在计算机学科里面比较经典的一个分类问题，就是如何识别垃圾邮件的问题。电子邮件刚出现的时候，出现了大量的"中奖"的垃圾邮件，那如何判断一封邮件是不是垃圾邮件呢？图2-6-1为计算机对垃圾邮件的判断过程。

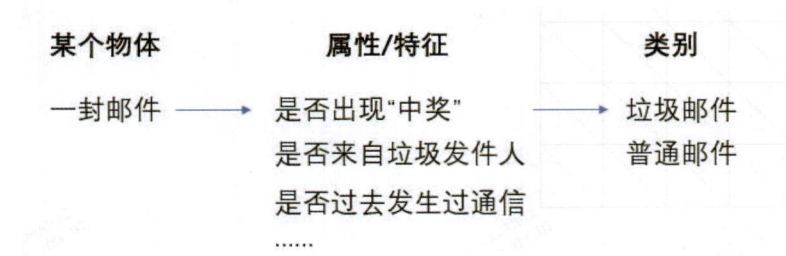

某个物体	属性/特征	类别
一封邮件 →	是否出现"中奖" 是否来自垃圾发件人 是否过去发生过通信 …… →	垃圾邮件 普通邮件

图2-6-1 垃圾邮件判断过程

这些特征可以用来判断一封邮件是不是垃圾邮件，实际上现有的邮箱也都是这么运行的，有时还支持一些个性化的学习。

任务二 分类姿态

图2-6-2提供了一种方法，可以检测到人体的14个关键点，编号为0～13，每个关键点都有x、y坐标，构成了28维特征。

图2-6-2 人体关键点编号

此任务中姿态分类数据Excel中有175个样本，分为"站立""手张开"和"坐下"三类，每个样本分别有D～AE列的28维特征数据，如图2-6-3所示。

图2-6-3 样本特征数据

A列可填入分类规则的公式；B列为样本标签，站立=1，手张开=2，坐下=3；C列表示A列是否判断正确，在同一行中，如果A列与B列数据相等，则C列为1，否则为0，而C1格为整体预测的准确率。学生分析D列～AE列的数据，使用Excel公式、Python语言或C/C++语言中的其中一种完成对姿态的分类。

IF函数有三个参数，语法如下：
=IF(条件判断, 结果为真返回值, 结果为假返回值)
第一参数是条件判断，比如 "A1="百度"" 或 "21>37"，结果返回TRUE或FALSE。如果判断返回TRUE，那么IF函数返回值是第二参数，否则返回第三参数。

=IF(条件判断, 结果为真返回值, 结果为假返回值)

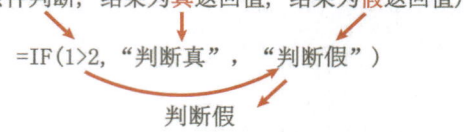

=IF(1>2, "判断真", "判断假")

判断假

图2-6-4 IF公式语法

① 使用Excel公式。Excel中使用IF公式（函数）进行判断，语法如图2-6-4所示。

手张开和站立姿态的区别之一是左右手的间距，因此手张开时x_6和x_7的差应该比站立时更大，在A2格中输入“=IF（K2-J2<200,1,2）”并应用至全列，此时可以在C1格处获得分类的准确率。此公式代表如果K2-J2<200，则在格中显示1，否则显示2。

若要进行三类姿态的区分，可以使用IF公式的嵌套，如：=IF(K2-J2<200,IF(AB2-Z2>200,1,3),2)。即如果K2-J2<200，继续判断AB2-Z2是否大于200，若大于显示1，否则显示3；若K2-J2不小于200，则显示2。

② 使用Python语言或C/C++语言。使用程序语言进行分类需要读取B列数据作为标签和D～AE列作为特征。图2-6-5和图2-6-6为程序主要框架，需要在classify()函数中填入程序，如使用左右手横坐标间距（feat[id][6]和feat[id][7]的差），来判断是站立还是手张开时，可以使用if语句来实现，如图2-6-7、图2-6-8所示。

```python
dim=0    # 记录特征的维度
n=0    # 记录总共有多少个样本
feat = []
label = []

def classify(id):
    # TODO: 需要编写一个分类函数
    # 输入参数id 表示
    # 可以使用feat[id][0]到
    # feat[id][dim-1]的所有数据
    # 以及自己声明的常变量
    # 注意：不可以直接使用label
    # 或者label没有经过缩并运算的结果
        return 0

> def parse_feature(fname_feat):...

> def parse_label(fname_label):...


if __name__ == '__main__':
    fname_feat = "feature.txt"
    fname_label = "label.txt"
    parse_feature(fname_feat)
    # parse_feature是一个已经编写好的函数
    # 特征会被存在二维数组feat中
    # 并且会同步更新n
    parse_label(fname_label)
    # parse_label是一个已经编写好的函数
    # 标签会被存在label中
    # 并且会同步更新dim

    count = 0
    for i in range(0,len(label)):
        if int(classify(i)) == int(label[i][0]):
            count+=1
    print("准确率："+str(float(count)/float(n)))
```

图2-6-5　Python程序框架

```cpp
#include <cstdio>
#include <cstring>
#include <iostream>
#include <fstream>
#include <cstdlib>
#include<string>

using namespace std;
#define MAXN 400
#define MAXDIM 100

double feat[MAXN][MAXDIM];
int label[MAXN];

int n; // 记录总共有多少个样本
int dim; // 记录特征的维度

int classify(int id){

void parse_feature( string fname_feat);
void parse_label(string fname_label );

int main(){
    string fname_feat = "feature_cpp.txt";
    string fname_label = "label.txt";

    parse_feature(fname_feat);
    // parse_feature是一个已经编写好的函数
    // 特征会被存在二维数组feat中
    // 并且会同步更新n和dim

    parse_label(fname_label);
    // parse_label是一个已经编写好的函数
    // 标签会被存在label中

    int count = 0;
    for(int i = 0;i < n; i++){
        int result = classify( i );
        if(result == label[i]) count++;
    }

    double accuracy = double(count)/double(n);
    printf("准确率 %.3f \%",100*accuracy);
    system("pause");
}

void parse_feature(string fname_feat){

void parse_label(string fname_label){
```

图2-6-6　C++程序框架

```python
def classify(id):
    if int(feat[id][7])-int(feat[id][6])<200:
        return 1
    else:
        return 2
```

图2-6-7　Python判断程序

```cpp
int classify(int id){
    if(feat[id][7]-feat[id][6]<200){
        return 1;
    }
    else{
        return 2;
    }
    // TODO: 需要编写一个分类函数
    // 输入参数id 表示

    // 可以使用feat[id][0]到
    // feat[id][dim-1]的所有数据
    // 以及自己声明的常变量

    // 注意：不可以直接使用label
    // 或者label没有经过缩并运算的结果

    // return 0;
}
```

图2-6-8　C++判断程序

需要注意的是，Python程序中feat是从txt文件读入的数据，是字符串形式的，需要转为int格式才能进行加减运算，C++程序则可以直接使用。运行程序，得到结果如图2-6-9、图2-6-10所示。

图2-6-9　Python程序结果

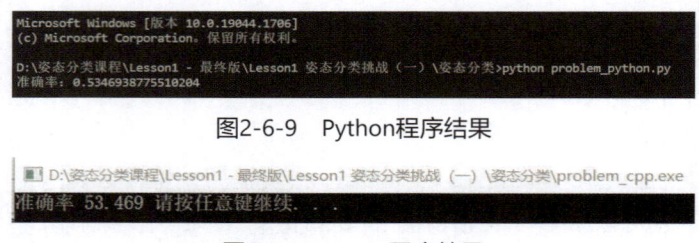

图2-6-10　C++程序结果

在表2-6-1中填入准确率最高的两种分类方案和准确率。

表2-6-1　分类方案选择

方案	准确率

任务三　设计分类

Excel表格中AF、AG、AH三列是对D～AE列的数据进行了处理和计算得到的拓展特征。学生对拓展特征进行分析，设计分类公式，用Excel表格或程序语言进行分类，得到准确率，填入表2-6-2。

表2-6-2　设计分类公式

方案	准确率

拓展特征是样本到"类平均姿态"的距离。在二维的散点图中，散点按位置大致分为

三类，计算出每一类的中心点（横纵坐标取平均值），当有一个新的点出现，就可以计算它到三个中心点的距离，哪个距离最小该点就属于此中心点所属的类别，如图2-6-11。

需要注意的是，这里计算新点到三个中心点的距离的方法不是欧氏距离（计算两点之间的直线距离，图2-6-12），而是曼哈顿距离（各个维度的长度差的绝对值进行累加，图2-6-13）。

图2-6-11 姿态样本距离散点图

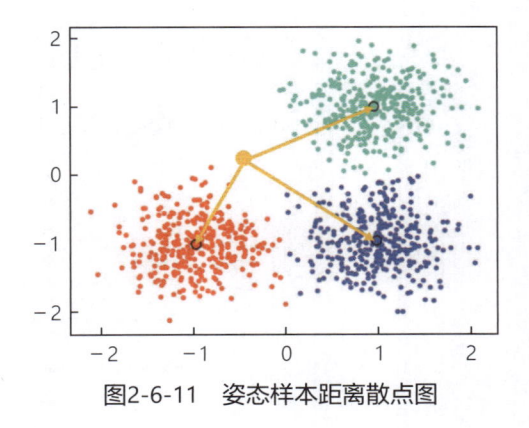

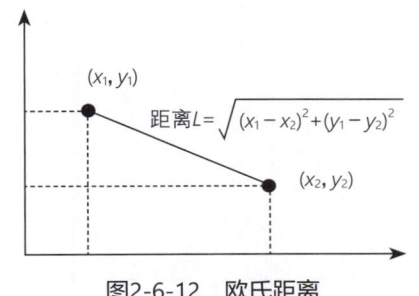

距离 $L=\sqrt{(x_1-x_2)^2+(y_1-y_2)^2}$

图2-6-12 欧氏距离

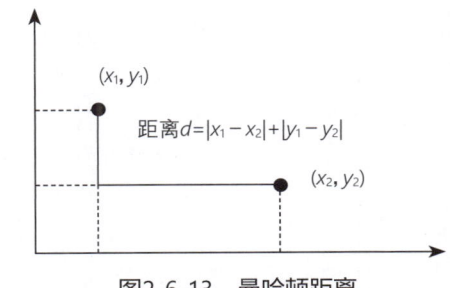

距离 $d=|x_1-x_2|+|y_1-y_2|$

图2-6-13 曼哈顿距离

本任务也可以采用另一种思路，即将2维特征转变为28维特征考虑。首先计算出站立、手张开和坐下三类姿态的平均姿态，把每维特征的所有值求平均数即可，三个类平均姿态的样式如图2-6-14。

图2-6-14 28维平均姿态样式

现在只需要计算每个样本的每个特征到三个平均姿态的距离即可。数值最小代表离哪类最近，也就最有可能是哪类的样本。

学习活动 二 用Python语言实现姿态分类

Python语言更适合人工智能领域的任务，有简单、易学、库资源丰富等优点，因此采用Python语言进行编程。

任务一　认识Python工具

Jupyter Notebook是一个基于Web的交互式计算笔记本环境，适合做数据分析和演示等需要可视化的操作，适合上课使用。建议用chrome浏览器，界面如图2-6-15。

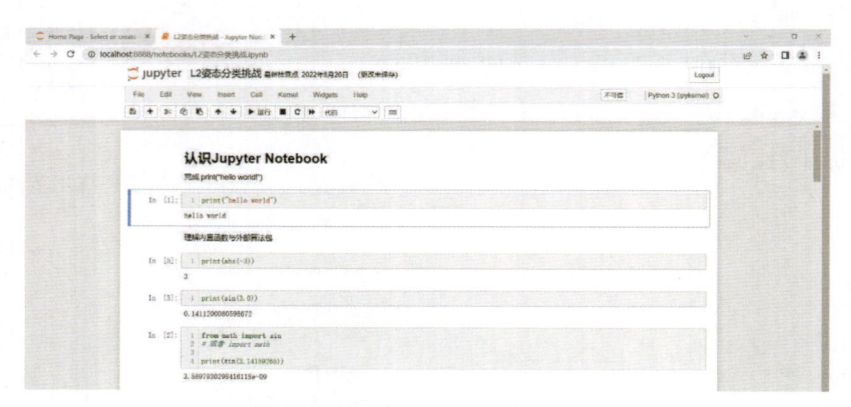

图2-6-15　Jupyter Notebook界面

Jupyter基本的单元叫作Cell，可能是说明性的Cell，也可能是代码性的Cell，如图2-6-16。

Jupyter Notebook以单元为单位进行运行，运行时代码框前显示星号，如图2-6-17；运行完会显示数字，如图2-6-18，数字代表运行的顺序。

图2-6-16　Jupyter基本单元

图2-6-17　运行中代码界面

图2-6-18　运行后代码界面

每次内核重启后之前的数字不会消失，结果也会保留，但是实际已全部清空，运行会重新计数。

查看图2-6-19，并在文本框中分析报错的原因。

图2-6-19　错误代码

任务二　关键点显示

对Python这样的解释型语言，在需要的时候才导入相关库函数，这样可以让解释器负担更小，代码也更清晰。例如sin函数的导入如图2-6-20所示。

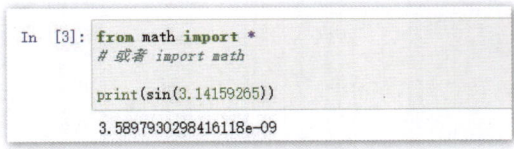

图2-6-20　导入sin函数

对于图片的读取和显示两个函数，需要导入第三方库函数，图片的读取和显示程序如图2-6-21。

图2-6-21　图片读取与显示程序

上个学习活动中直接使用了14个关键点的坐标数据，那这些坐标是如何获得的呢？参考如图2-6-22的程序，在输出的图片上画出关键点。

图2-6-22　关键点绘制程序

任务三　中心化处理

分类前都会对数据进行处理，如统一图像大小、标准化等等，本次使用中心化处理：pose=centralize(pose)。此时关键点的坐标都存入了pose中，如图2-6-23可以进行打印。

图2-6-23　关键点坐标打印

需要注意的是，打印出来的pose是按$x\_0,y\_0,x\_1,y\_1,\cdots$的顺序排列的，跟学习活动一的数据排列顺序不一样。也可以发现数据不同，学习活动一的数据有正有负，pose中的全是正数，这是因为Excel中的数据做了中心化处理，因为人体在图像中的位置不应该影响姿态分类，但原始的关键点数据受位置影响很大，因此要把关键点的中心作为坐标原点重新计算所有的关键点坐标。

任务四　编写函数

此处与学习活动一不同，在学习活动一中关键点数据是从文件中读取的，而此处关键点数据是从图片中直接获得的。需要注意的是左手横坐标的访问方式变为了pose[7][0]，头部的纵坐标访问方式为pose[0][1]，完善如图2-6-24中的程序，实现读取图片并进行分类。

拓展特征可以通过调用get_extand_feature()来获得，返回值是一个列表，可以使用ext[0],ext[1],ext[2]来访问。完善如图2-6-25中的程序，实现用拓展特征对图片中的姿态进行分类。

```
1  def my_classify(pose):
2      return 0
3
4  frame = imread("example2.jpg")    # 读取图片
5  rect = detect_body(frame)         # rect的四个值为左上右下的坐标
6  if rect[0] > 0:                   # 判断画面中是否有人体
7      pose = align_body(frame, rect)  # 获得14个关键点的坐标
8      pose_frame = render_body_points(frame, pose)
9  imshow(pose_frame)
10 pose = centralize(pose) #中心化数据
11 category = my_classify(pose)
12
13 if category == 1:
14     print('姿态是站立')
15 elif category == 2:
16     print('姿态是手张开')
17 elif category == 3:
18     print('姿态是坐下')
```

图2-6-24　分类程序完善

```
1  from detect_coding.detect_API import get_extend_feature
2
3  def my_classify(pose):
4      ext = get_extend_feature(pose)
5
6      return 0
7
8  frame = imread("example1.jpg")    # 读取图片
9  rect = detect_body(frame)         # rect的四个值为左上右下的坐标
10 if rect[0] > 0:                   # 判断画面中是否有人体
11     pose = align_body(frame, rect)  # 获得14个关键点的坐标
12     pose_frame = render_body_points(frame, pose)
13 imshow(pose_frame)
14 pose = centralize(pose) #中心化数据
15 category = my_classify(pose)
16
17 if category == 1:
18     print('姿态是站立')
19 elif category == 2:
20     print('姿态是手张开')
21 elif category == 3:
22     print('姿态是坐下')
```

图2-6-25　姿态分类程序

任务五　姿态分类

完成了图片的分类，就可以尝试对视频中的人体姿态进行分类了，可以使用如图2-6-26的程序来进行视频的读取和播放。

```
In [ ]:  1  from class_coding.coding_API import *
         2  from detect_coding.detect_API import *
         3
         4  name = "example4.mp4"
         5  video = Video(name)          # 读取视频
         6  for frame in video:          # 视频循环
         7      frame = render_number(frame, name)   # 在图像中显示文字
         8      imshow("pose_frame", frame)
```

图2-6-26　视频读取和播放

视频其实是连续的图片，我们可以对每一帧图片进行人体检测、获取关键点并显示在图片上，然后对关键点进行中心化处理，并使用编写的分类函数进行判断，把结果显示在图像上。每帧都做如上操作，连续播放即可获得视频中的姿态分类了。参考如图2-6-27的程序，完成视频的姿态分类。

```
In [ ]: from class_coding.coding_API import *
        from detect_coding.detect_API import *
        def my_classify(pose):
            ext = get_extend_feature(pose)
            if ext[0]<ext[1] and ext[0]<ext[2]:
                return 1
            elif ext[1]<ext[2]:
                return 2
            else:
                return 3

        name = "example4.mp4"
        video = Video(name)          # 读取视频
        for frame in video:           # 视频循环
            frame = resize_frame(frame)   # 将画面化为统一大小，便于坐标处理
            rect = detect_body(frame)     # rect的四个值为左上右下的坐标
            if rect[0] < 0:               # 判断画面中是否有人体
                continue
            pose = align_body(frame, rect)   # 获得14个关键点的坐标
            pose = centralize(pose)          # 中心化数据
            category = my_classify(pose)
            frame = render_number(frame, category)   # 在图像中显示文字
            imshow("pose_frame", frame)
```

图2-6-27　姿态分类程序

任务六　姿态拍摄

实时姿态的判断与视频原理类似，不过需要创建摄像头，还需要判断图片中是否有人体，参考如图2-6-28的程序，完成实时姿态的判断。

```
In [3]: from class_coding.coding_API import *
        from detect_coding.detect_API import *

        cam = Camera(1000)             # 创建摄像头
        for frame in cam:              # 摄像头循环
            frame = resize_frame(frame)   # 将画面化为统一大小，便于坐标处理
            rect = detect_body(frame)     # rect的四个值为左上右下的坐标
            if rect[0] < 0:               # 判断画面中是否有人体
                imshow("pose_frame", frame)
                continue
            rect_frame = render_body_rect(frame,rect)   # 画出包含人体的最小外接框
            pose = align_body(frame,rect)               # 获取图像中的人体
            frame = render_body_points(rect_frame,pose) # 在图像中画出关键点
            pose = centralize(pose)                     # 将坐标中心化
            state = category(pose)                      # 计算姿态的类别
            frame = render_number(frame, state)         # 在图像中画出姿态的类别

            imshow("pose_frame",frame)
```

图2-6-28　实时姿态判断

摄像头拍摄姿态需要一定的空间，测试有一定困难。另外，如果程序中没有category()函数，如果直接运行的话之前定义的内容会延续使用。如果可以测试的话，可以尝试对比使用拓展特征和未使用拓展特征时的效果，填入表2-6-3。

表2-6-3　测试效果对比

序号	动作	常规公式	拓展特征

学习活动 三　用机器学习实现姿态分类

任务一　认识机器学习工具

打开工具，选择三类姿态文件夹，点击训练按钮，此时可以看到工具界面上显示提取第 n 个文件夹。等待一段时间后，如图2-6-29所示，下方显示训练完成，点击实时测试，体验用机器学习方法进行姿态分类。

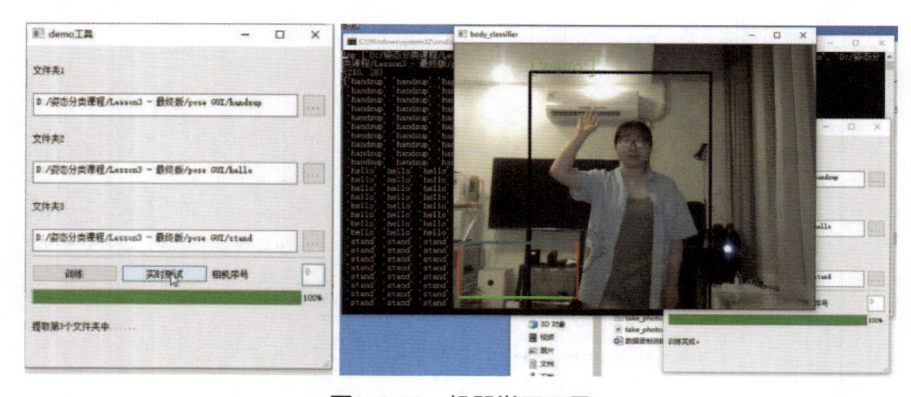

图2-6-29　机器学习工具

任务二 分类测试

可以使用拍照工具take_photo.bat，也可以使用相机，采集站立、手张开和坐下姿态，放入相应类别命名的文件夹中，每种50张左右。

用姿态分类工具读入三类图片，并进行测试。对比学习活动二中的摄像头测试结果，将测试结果填写在表2-6-4中。

表2-6-4 姿态分类工具测试结果

序号	动作	常规公式	拓展特征	机器学习工具

任务三 对比总结

古典人工智能主要是基于规则的，例如判断一个点在不在框内、判断双手是不是举平；而现代人工智能是基于数据的，例如垃圾邮件分类是基于过往的垃圾邮件的数据，推荐系统是参考着用户的历史数据的。将基于规则和数据的姿态分类进行对比分析，并写出来。

展示与反思

学生思考并回答如下问题。

① 在挑战姿态分类项目的过程中，遇到了哪些问题，你是如何解决的，获得了哪些经验？

② 思考姿态分类可以应用到什么领域中？对应的分类类别要如何设计？

③ 经过本次姿态分类实践项目，你有哪些收获？

实例七

视力检测小助手项目的设计与制作

体检的时候"测视力"是必不可少的一项，视力检测是一种评估个人视力状况的医学检查，它通过测量眼睛对不同大小和距离的物体的清晰度来确定视力水平。定期的视力检测至关重要，因为它可以及时识别视力变化和潜在的眼部疾病，从而允许早期干预和治疗，这不仅有助于保护和改善视力，还能预防可能的视力丧失，确保眼睛健康和生活质量。

视力检测这项工作离不开医生的帮助，医生需要确认受检者给出的答案和视力表上是否一致，从而确定受检者的视力状况。如果用"视力检测小助手"进行这项工作，如图2-7-1所示，医生的工作量就减轻了许多，甚至人们可以在家给自己测视力了。

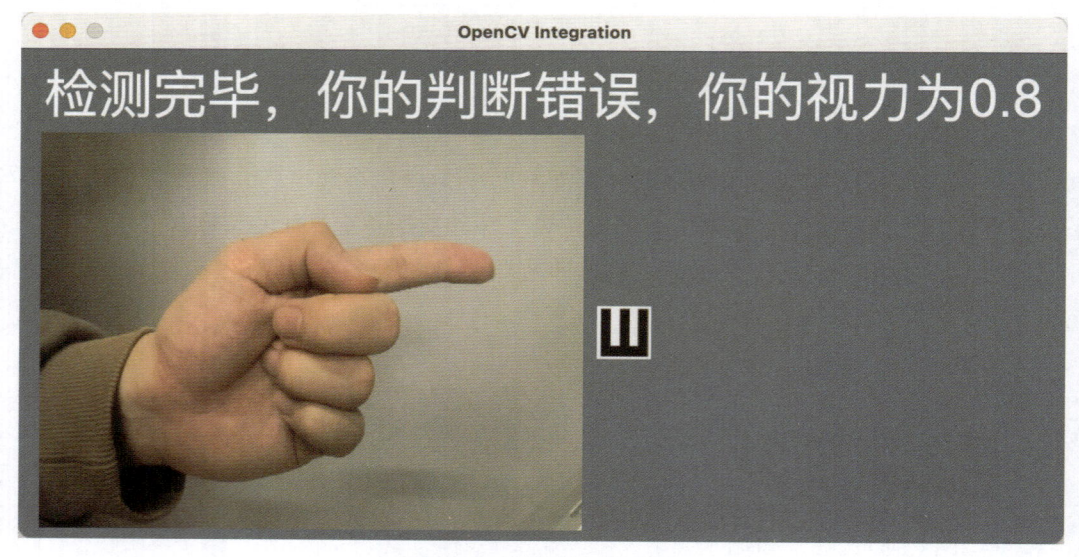

图2-7-1 视力检测小助手

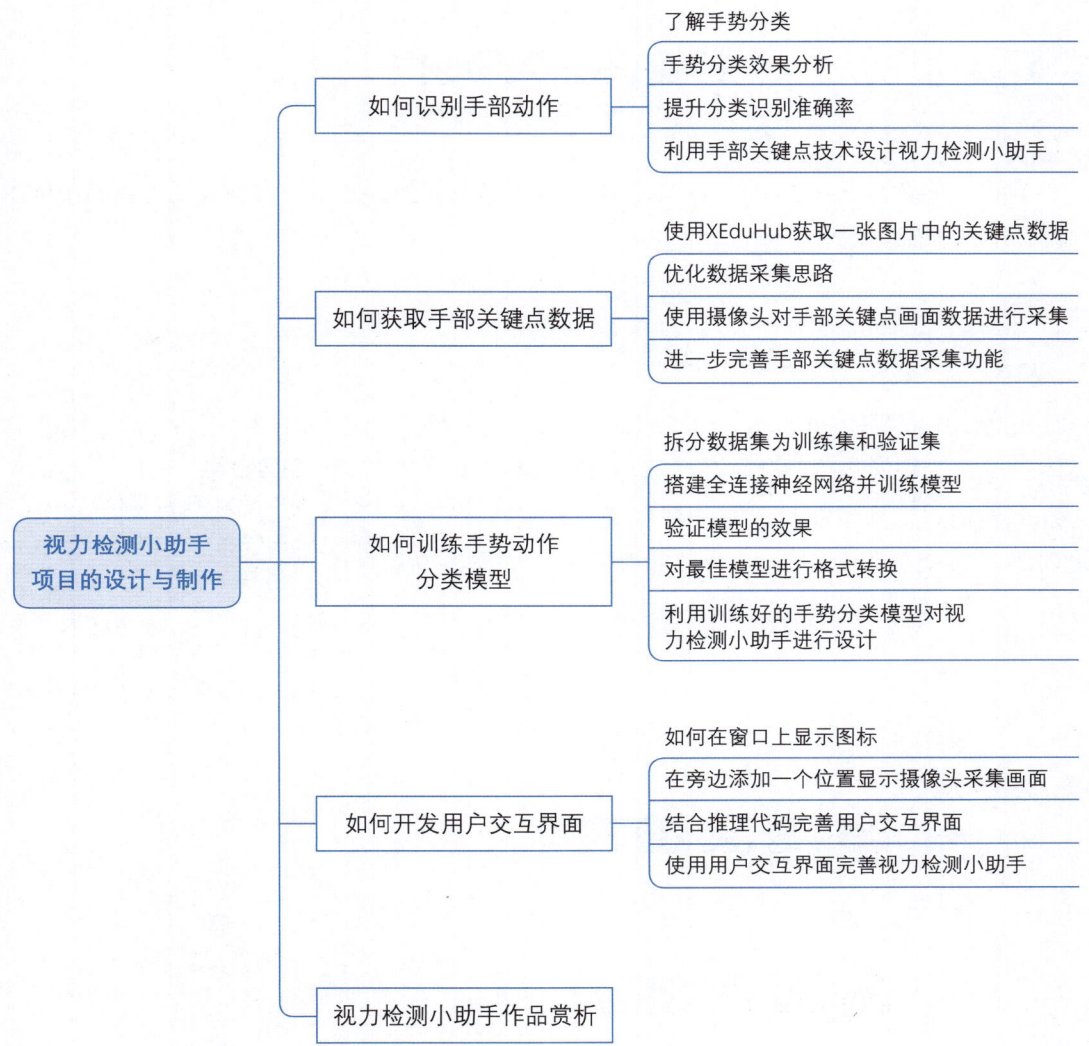

思维导图

视力检测小助手项目的设计与制作
- 如何识别手部动作
  - 了解手势分类
  - 手势分类效果分析
  - 提升分类识别准确率
  - 利用手部关键点技术设计视力检测小助手
- 如何获取手部关键点数据
  - 使用XEduHub获取一张图片中的关键点数据
  - 优化数据采集思路
  - 使用摄像头对手部关键点画面数据进行采集
  - 进一步完善手部关键点数据采集功能
- 如何训练手势动作分类模型
  - 拆分数据集为训练集和验证集
  - 搭建全连接神经网络并训练模型
  - 验证模型的效果
  - 对最佳模型进行格式转换
  - 利用训练好的手势分类模型对视力检测小助手进行设计
- 如何开发用户交互界面
  - 如何在窗口上显示图标
  - 在旁边添加一个位置显示摄像头采集画面
  - 结合推理代码完善用户交互界面
  - 使用用户交互界面完善视力检测小助手
- 视力检测小助手作品赏析

发现与思考

① 学生通过查阅资料，了解视力检测所需要的仪器，想象一下如果加入"视力检测小助手"，仪器的外观会有什么变化，尝试将自己的设计以草图的方式画出来。

② 学生查阅资料并分组讨论，明确实现"视力检测小助手"的识别手势和确认视力需要用到哪些人工智能技术，用思维导图的方式将其表示出来。

任务与实践

学习活动 一 如何识别手部动作

本活动介绍手部关键点识别技术，引导学生思考如何将这个技术融入视力检测小助手的设计中，进而实现小助手的智能化。

任务一 了解手势分类

在此使用浦育OpenInnoLab平台上AI体验区的手势分类体验模块（图2-7-2）进行功能体验。进入该模块后，为各个类别添加样本图片，制作数据集，然后点击"开始训练"，就可得到对应的手势分类模型，如图2-7-3所示。

图2-7-2　手势分类体验模块

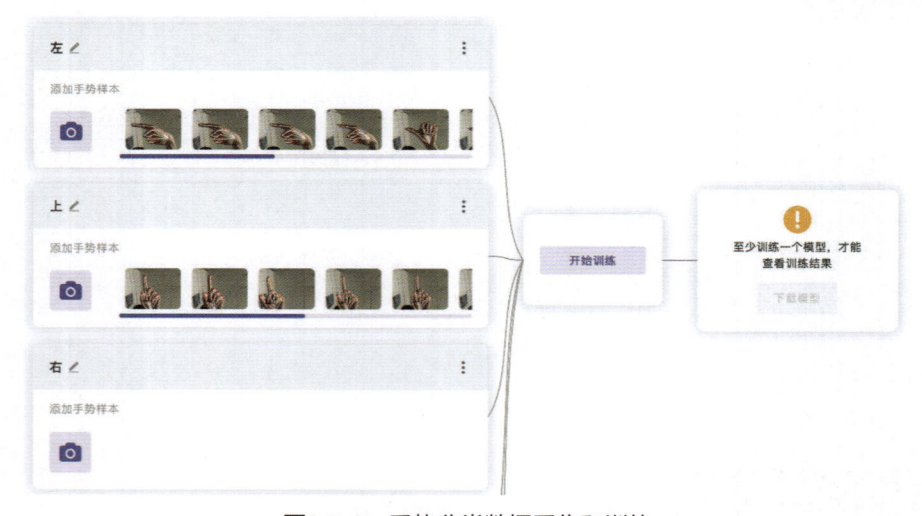

图2-7-3　手势分类数据采集和训练

任务二 手势分类效果分析

学生使用上面训练好的模型进行效果分析。训练完成后，在页面右侧的"输出"部分，就可以实时测试模型的效果，如图2-7-4所示。学生分别测试几种情况的识别效果，填写表2-7-1。

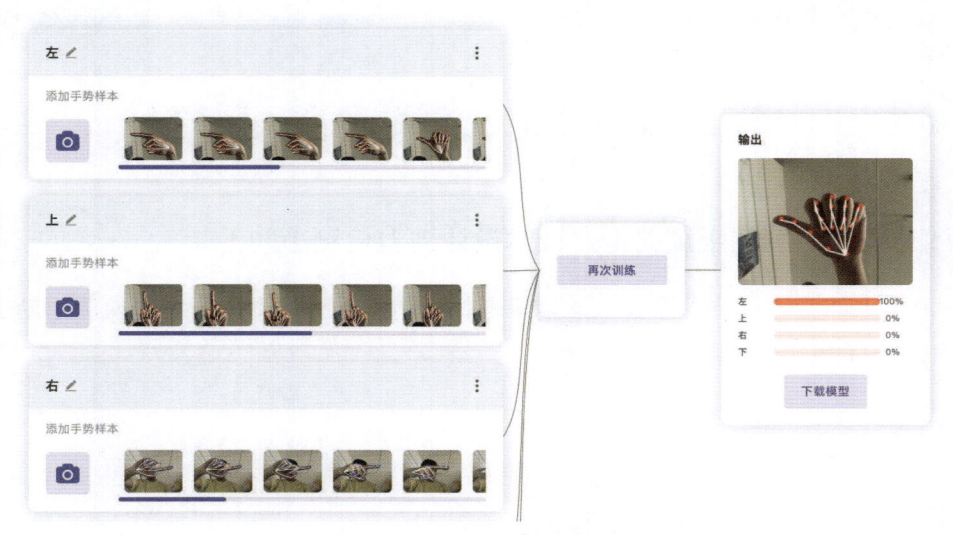

图2-7-4　手势分类效果

表2-7-1　识别效果统计表

画面	识别到手部关键点颜色 （红/蓝）	手部关键点个数	输出类别名称
没有出现手			
左手向左指			
右手向左指			
左手向上指			
右手向上指			
左手大拇指向右指			
左手食指向右指			

识别的效果可能有好有坏，请分析出现错误的原因，以及改进分类效果的方案。

任务三　提升分类识别准确率

通过分析识别错误的原因，得到改进方案。下面请应用不同改进方案，对比模型准确率提升的效果，并填写表2-7-2。

表2-7-2　改进方案对比

改进方案	具体操作	修改理由	效果提升（是/否）
方案一			
方案二			

任务四　利用手部关键点技术设计视力检测小助手

学习了手部关键点技术以后，学生思考如何利用这一技术进行视力检测小助手的设计，写出自己的设计思路。

学习活动 二　如何获取手部关键点数据

随着人工智能技术的迭代更新，姿态关键点检测技术已经成为计算机视觉领域中一项成熟的技术。本活动介绍一个好用的人工智能推理工具库——XEduHub。这个工具库集成了各种人工智能任务的推理能力，不仅支持XEdu系列工具训练得到的模型，还内置了常见的AI模型，支持常见物体目标检测、文字识别等，当然也支持手部关键点检测。选定任务后，即可自动从云端下载相应的模型进行推理。

任务一　使用XEduHub获取一张图片中的关键点数据

先用摄像头拍摄一张手势照片并保存为"test.jpg"，然后运行下面的代码，对该图片进行手部关键点推理，获得坐标信息。

```
from XEdu.hub import Workflow as wf
hand = wf(task='pose_hand21')#数字可省略，当省略时，默认为pose_hand21
keypoints,img_with_keypoints = hand.inference(data='test.jpg',img_type='pil')#进行模型推理
format_result = hand.format_output(lang='zh')#将推理结果进行格式化输出
hand.show(img_with_keypoints)#展示推理图片
hand.save(img_with_keypoints,'img_with_keypoints.jpg')#保存推理图片
```

运行效果如图2-7-5所示。

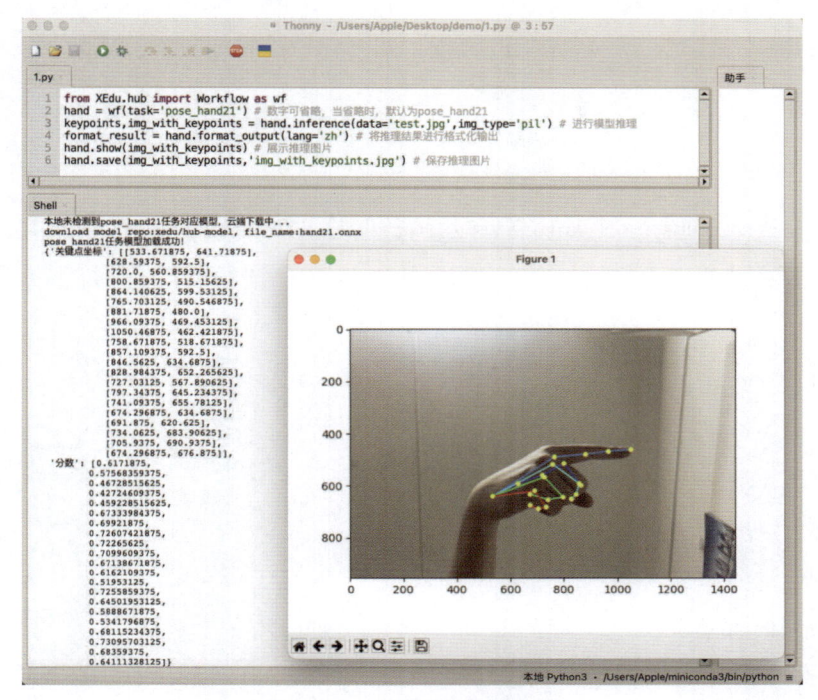

图2-7-5　手部关键点检测

任务二　优化数据采集思路

要充分考虑到画面中没有手的情况，以及手的坐标位置情况。如果画面中没有发现手，那么就不需要生成关键点数据。可以使用XEduHub中的"det_hand"来检测画面中是否存在手。

画面中，手部关键点检测提取到的信息和手在画面中的位置有直接关系，而这会显著影响模型效果。图2-7-6中四个手势完全一致，但是因为手在画面中的位置不同而造成了数据的不同。

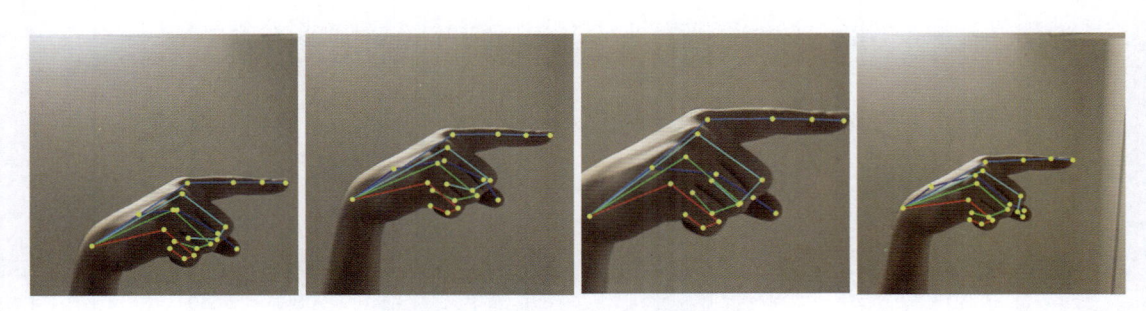

图2-7-6　不同画面中的手部关键点

为了解决这一问题，可以使用数据归一化的方法。这是一种常见的数据预处理技术，目的是使得预处理的数据被限定在一定的范围内（比如[0,1]或者[-1,1]），从而消除奇异样本数据导致的不良影响。一种常见的数据"归一化"处理的数学公式如下所示：

$$当前值 = \frac{x - 最小值}{最大值 - 最小值}$$

对关键点检测得到的数据，可以做相应的数据归一化。结合前面提到的手的检测"det_hand"，优化后的代码如下所示。请再次对图片"test.jpg"进行推理，并打印获得的数据。

```python
from XEdu.hub import Workflow as wf
import numpy as np
det = wf(task='det_hand')
hand = wf(task='pose_hand21')
bboxs = det.inference(data='test.jpg')
if len(bboxs)>0:
    keypoints,img_with_keypoints = hand.inference(data='test.jpg',
    bbox=bboxs[0],img_type='pil')
    format_result = hand.format_output(lang='zh')
    x = np.array(format_result['关键点坐标']).reshape(1,-1)[0]
    min_val = x.min()
    max_val = x.max()
    normalized_value = (x-min_val)/(max_val-min_val)
    print(normalized_value)
else:
    print('画面中没有发现手')
```

任务三　使用摄像头对手部关键点画面数据进行采集

有了任务二中的基础代码，再加上对摄像头的调用，就很容易写出数据采集并制作数据集的代码：

```python
from XEdu.hub import Workflow as wf
import numpy as np
```

```python
import cv2, time
cap = cv2.VideoCapture(0)
det = wf(task='det_hand')
hand = wf(task='pose_hand21')
class_list = ['上','下','左','右']
with open('data.csv','w')as f:
    for i in range(21*2):#为数据写入表头,特征21*2=42列,外加标签1列
        f.write('feature'+str(i+1)+',')
    f.write('label'+'\n')
for i in range(len(class_list)):
    print('下面开始采集100条*'+class_list[i]+'*的数据')
    time.sleep(2)
    cnt=0
    while cnt <=100:
        time.sleep(0.1)
        ret, frame = cap.read()
        bboxs = det.inference(data=frame)
        if len(bboxs)>0:
            keypoints,img_with_keypoints = hand. inference(data=
            frame,bbox=bboxs[0],img_type='cv2')
            format_result = hand.format_output(lang='zh',
            isprint=False)
            x = np.array(format_result['关键点坐标']).reshape(1,-1)[0]
            min_val = x.min()
            max_val = x.max()
            normalized_value = (x - min_val)/(max_val - min_val)
            with open('data.csv','a+')as f:
                for n in normalized_value:
                    f.write(str(n)+',')
                f.write(str(i)+'\n')
            print(class_list[i]+str(cnt))
            cnt+=1
            cv2.imshow('hand',img_with_keypoints)
        else:
```

```
            cv2.imshow('hand',frame)
            print('画面中没有发现手')
    if cv2.waitKey(1) & 0xFF==ord('q'):
        break
cap.release()
cv2.destroyAllWindows()
```

运行这段代码，完成对四种手势的关键点数据的采集，并检查"data.csv"数据集。

任务四 进一步完善手部关键点数据采集功能

前面几个任务的实践，引导学生通过摄像头采集不同手势的关键点数据，并保存为表格数据集。学生总结在前面实践过程中遇到的问题和改进思路。

学习活动 三 如何训练手势动作分类模型

本活动将使用全连接神经网络进行分类任务模型训练，实现四类手势的分类。全连接神经网络作为一种万能函数拟合器，可以捕捉和学习数据中的复杂关系和模式，尤其是复杂的手势关系与分类类别之间的对应关系。

任务一 拆分数据集为训练集和验证集

在深度学习的训练过程中，需要不断验证模型的效果。为了准确验证其效果，需要将采集到的数据划分为训练集和验证集，运行下面的代码可以实现：

```
from BaseDT.dataset import split_tab_dataset
#指定待拆分的csv数据集
path = "data.csv"
#指定特征数据列、标签列、训练集比重，'normalize=False'表示不需要再次进行归一化处理
```

```
split_tab_dataset(path,data_column=range(0,42),label_column=42,
train_val_ratio=0.8,normalize=False)
```

代码运行后，可以看到生成了"data_train.csv"和"data_val.csv"这两个文件，分别代表训练集和验证集。

任务二　搭建全连接神经网络并训练模型

此任务中用BaseNN库搭建三层神经网络模型进行训练，运行下面的代码实现对模型的训练：

```python
from BaseNN import nn
model = nn('cls')
model.load_tab_data('data_train.csv')
model.add(layer='linear',size=(21*2,64),activation='relu')
model.add(layer='linear',size=(64,64),activation='relu')
model.add(layer='linear',size=(64,4),activation='softmax')
model.save_fold = './my_model/'
model.train(epochs=100,lr=0.01)
```

任务三　验证模型的效果

任务二已经训练好了分类模型，但是模型的效果如何尚不清楚，这里可以利用验证集测试一下。运行下方的代码，观察模型效果：

```python
from BaseNN import nn
import numpy as np

#定义一个计算分类正确率的函数
def cal_accuracy(y, pred_y):
    res = pred_y.argmax(axis=1)
    tp = np.array(y)==np.array(res)
```

```python
        acc = np.sum(tp)/ y.shape[0]
        return acc

my_model = nn('cls')
val_path = 'data_val.csv'
val_x = np.loadtxt(val_path, dtype=float, delimiter=',',skiprows=1,
usecols=range(0,42))
val_y = np.loadtxt(val_path, dtype=float, delimiter=',',skiprows=1,
usecols=42)

#计算分类正确率
res = my_model.inference(val_x, checkpoint='./my_model/basenn.pth')
print("分类正确率为:",cal_accuracy(val_y, res))
```

学生尝试修改任务二中的代码，提升模型的效果，并将结果记录在表2-7-3中。

表2-7-3　修改代码记录表

第一次验证准确率	
训练代码修改思路	
修改后的验证准确率	

任务四　对最佳模型进行格式转换

经过多次尝试，得到了效果最好的模型，也就是说，这个模型应该能最准确地区分四种手势动作。运行下面的代码，将该模型从.pth格式转换为.onnx格式。

```python
from BaseNN import nn
model = nn()
model.convert(checkpoint='./my_model/basenn.pth',out_file='cls.onnx')
```

接着，测试转换之后的模型推理效果如何。下面的代码可以实现实时采集摄像头画面,并将画面中的手势动作进行分类,运行后观察模型推理效果。

```python
from XEdu.hub import Workflow as wf
import numpy as np
import cv2, time
cap = cv2.VideoCapture(0)
det = wf(task='det_hand')
hand = wf(task='pose_hand21')
my_model = wf(task='basenn',checkpoint='cls.onnx')
#载入刚才训练的分类模型
class_list = ['上','下','左','右']
while True:
    ret, frame = cap.read( )
    bboxs = det.inference(data=frame)
    if len(bboxs)>0:
        keypoints,img_with_keypoints = hand.inference(data=frame,
        bbox=bboxs[0],img_type='cv2')
        format_result = hand.format_output(lang='zh',isprint=False)
        x = np.array(format_result['关键点坐标']).reshape(1,-1)
        min_val = x.min()
        max_val = x.max()
        normalized_value = (x - min_val)/(max_val - min_val)
        cv2. imshow('hand',img_with_keypoints)
        result = my_model. inference(data = normalized_value)
        format_result = my_model.format_output(lang='zh',
        isprint=False)
        print('当前推理结果为',class_list[format_result[0]['预测值']])
    else:
        cv2.imshow('hand',frame)
        print('画面中没有发现手')
    if cv2.waitKey(1) & 0xFF == ord('q'):
        break
cap.release()
cv2.destroyAllWindows()
```

任务五 利用训练好的手势分类模型对视力检测小助手进行设计

现在，模型已经能够较好地实现四个方向的手势检测了，那么这个模型怎样用在视力检测小助手中呢？请学生将自己的思考写出来。

学习活动 四 如何开发用户交互界面

用户交互界面的核心就是判断手势是否和视力表中的图标一致，这时候可以设计一个界面来显示E字图标，并采集摄像头画面进行手势判断，这就需要将界面开发和模型推理相结合。

任务一 如何在窗口上显示图标

此处使用PySimpleGUI这一工具进行开发，设定E字图标的大小和朝向，运行下面的代码查看效果。

```python
import PySimpleGUI as sg
import numpy as np
from PIL import Image
import io,cv2

def img2bytes(img,size):
    if isinstance(img,str):
        img = cv2.imread(img)
    img = cv2.flip(img,1)
    img = cv2.resize(img,size)
    return cv2.imencode('.png', img)[1].tobytes()
def main():
    layout = [
      [sg.Image(filename='', key='image')]
    ]
```

```python
    window = sg.Window('window', layout, location=(800, 400))
    while True:
        event, values = window.read(timeout=100)
        if event == 'Exit' or event == sg.WIN_CLOSED:
            break
        window['image'].update(data=img2bytes('./E.png',(40,40)))
    window.close( )

main()
```

运行这段代码后可以看到根据layout的设定,将图标"E.png"显示了出来,如图2-7-7所示。

图2-7-7 一个简单的用户交互界面

任务二 **在旁边添加一个位置显示摄像头采集画面**

通过修改layout,并不断使用update函数来更新窗口中的图像,达到实时显示摄像头采集画面的效果。

```python
import PySimpleGUI as sg
import numpy as np
from PIL import Image
import io,cv2

def img2bytes(img,size):
    if isinstance(img,str):
        img = cv2.imread(img)
    img = cv2.flip(img,1)
    img = cv2.resize(img,size)
    return cv2.imencode('.png', img)[1].tobytes()
def main():
```

```python
    cap = cv2.VideoCapture(0)
    layout = [
      [sg.Image(filename='', key='video'),sg.Image(filename='',
      key='image')]
    ]
    window = sg.Window('window', layout, location=(800, 400))
    while True:
        event, values = window.read(timeout=100)
        if event == 'Exit' or event == sg.WIN_CLOSED:
            break
        window['image'].update(data=img2bytes('./E.png',(300,300)))
        
        ret, frame = cap.read()
        
        imgbytes = img2bytes(frame,(400,300))
        window['video'].update(data=imgbytes)
    window.close()
main()
```

运行这段代码的效果如图2-7-8所示。

图2-7-8　结合摄像头采集画面的界面

任务三　结合推理代码完善用户交互界面

学生对照视力表的规范，对E字图标显示的方向和大小进行修改，完善代码，并实现对摄像头中的手势进行识别。如果正确，则更换图标的方向和大小继续测试；如果多次错误，则停止测试并记录视力值。下面是参考代码：

```python
det = wf(task='det_hand')
hand = wf(task='pose_hand21')
my_model = wf(task='basenn',checkpoint='cls.onnx')  #载入刚才训练的分类模型
class_list = ['上','下','左','右']

def main():
    cap = cv2.VideoCapture(0)
    layout = [
      [sg.Image(filename='', key='video'),sg.Image(filename='',
      key='image')]
    ]
    window = sg.Window('window', layout, location=(800, 400))
    while True:
        event, values = window.read(timeout=100)
        if event == 'Exit' or event == sg.WIN_CLOSED:
            break
        window['image'].update(data=img2bytes('./E.png',(300, 300)))
        ret, frame = cap.read()
        bboxs = det.inference(data=frame)
        if len(bboxs)>0:
            keypoints,img_with_keypoints = hand.inference(data=
            frame,bbox=bboxs[0],img_type='cv2')
            format_result = hand.format_output(lang='zh',
            isprint=False)
            x = np.array(format_result['关键点坐标']).reshape(1,-1)
            min_val = x.min()
            max_val = x.max()
            normalized_value = (x - min_val)/(max_val - min_val)
            imgbytes = img2bytes(img_with_keypoints,(400,300))
            window['video'].update(data=imgbytes)
```

```python
            result = my_model.inference(data = normalized_value)
            format_result = my_model.format_output(lang='zh',
            isprint=False)
            print('当前推理结果为',class_list[format_result[0]['预测
            值']])
        else:
            imgbytes = img2bytes(frame,(400,300))
            window['video'].update(data=imgbytes)
            print('画面中没有发现手')
        if cv2.waitKey(1) & 0xFF == ord('q'):
            break
window.close()
```

任务四　使用用户交互界面完善视力检测小助手

学习了界面开发的工具之后，学生可以为项目增加更多的功能，请学生将设计思路写出来。

学习活动　五　视力检测小助手作品赏析

结合前面讲到的一些基本知识，在这里介绍一个视力检测小助手的实际开发案例（图2-7-1），其主要功能有以下几点。

① 根据基础的视力水准开始测量并给出随机方向的E字图标。

② 根据用户的操作正确率调整E字图标大小，经过多次测量后，确定用户的视力值。

③ 当检测到用户佩戴眼镜时，提示其先将眼镜摘下；当检测到用户未遮挡另一只眼睛时，提示其先遮挡一只眼睛。

展示与反思

学生思考并回答如下问题。

① 在你的项目制作过程中,遇到了哪些问题,你是如何解决的,通过问题的解决你获取了哪些经验?

② 你的作品中使用了哪些核心技术,这些技术还可以应用到哪些领域来解决新的问题?

③ 你认为你的作品还有哪些功能不够完善?请写出你的改进方案。

实例八

厨房保卫战项目的设计与制作

在当今快节奏的生活中，人们在烹饪时常常会分心，这可能导致严重的火灾事故。据统计，每年都有大量的人因为烹饪疏忽而受伤或损失财产。为了预防火灾的发生，提高厨房的安全水平，我们需要一种能够实时监测火焰的智能系统。

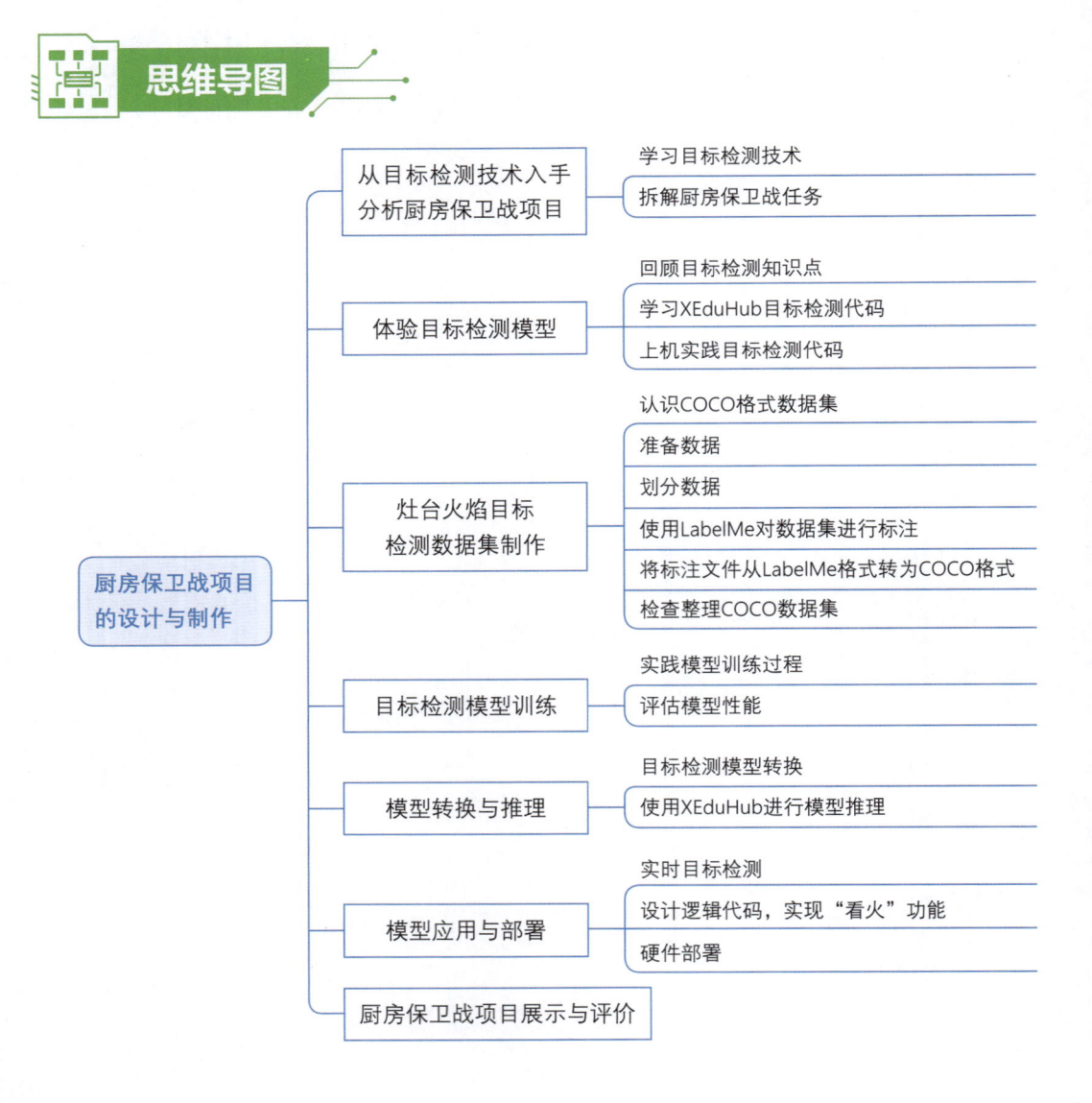

思维导图

- 厨房保卫战项目的设计与制作
  - 从目标检测技术入手分析厨房保卫战项目
    - 学习目标检测技术
    - 拆解厨房保卫战任务
  - 体验目标检测模型
    - 回顾目标检测知识点
    - 学习XEduHub目标检测代码
    - 上机实践目标检测代码
  - 灶台火焰目标检测数据集制作
    - 认识COCO格式数据集
    - 准备数据
    - 划分数据
    - 使用LabelMe对数据集进行标注
    - 将标注文件从LabelMe格式转为COCO格式
    - 检查整理COCO数据集
  - 目标检测模型训练
    - 实践模型训练过程
    - 评估模型性能
  - 模型转换与推理
    - 目标检测模型转换
    - 使用XEduHub进行模型推理
  - 模型应用与部署
    - 实时目标检测
    - 设计逻辑代码，实现"看火"功能
    - 硬件部署
  - 厨房保卫战项目展示与评价

计算机视觉技术可以用于实现厨房智能看火的功能,实现对厨房环境中的火焰和人体进行实时监测和识别。一旦检测到厨房中有火但是无人的异常情况,系统将立即发出报警,提醒用户及时处理,从而避免火灾事故的发生。

发现与思考

① 通过查阅资料,学生搜集现有提醒厨房忘关火的智能产品,了解每个产品使用的技术和提醒的方式,将总结的信息填入表2-8-1。

表2-8-1 产品统计表

名称	使用的技术	提醒的方式

② 学生选择一款产品,用流程图的方式将其工作流程表示出来。
③ 学生思考现有的提醒厨房忘关火的智能产品还有哪些功能不够完善,可以通过增加什么功能提升厨房的安全性。

任务与实践

学习活动 一 从目标检测技术入手分析厨房保卫战项目

本活动介绍人工智能技术中的目标检测技术,在学习的过程中引导学生思考如何将这些目标检测技术融入厨房智能看火系统的设计中,进而增加厨房的智能化程度。

任务一　学习目标检测技术

目标检测（detection）的任务是找出图像中所有感兴趣的目标（物体），确定它们的类别和位置。由于各类物体有不同的外观和姿态，加上成像时光照、遮挡等因素的干扰，目标检测一直是计算机视觉领域最具有挑战性的问题。

回顾图像分类技术，分析图像分类和目标检测技术的异同点，如图2-8-1所示。目标检测任务是图像分类任务的进阶任务，图像分类任务只有一个子任务（分类），而目标检测任务有两个任务（定位和分类），按照图像中目标的数量可分为单目标检测和多目标检测。目标检测任务比起分类任务多出来了一个定位，即将目标框起来的步骤。

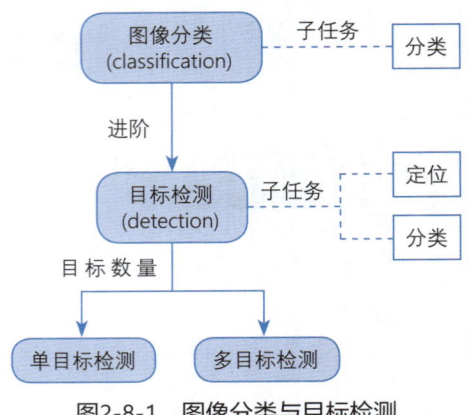

图2-8-1　图像分类与目标检测

带领学生了解目标检测技术在生活场景中的广泛应用。

① 消防安全监测：通过监控摄像头实时监测室内外环境，一旦发现火焰或烟雾，系统可以立即报警并采取灭火措施，有效预防火灾事故，如图2-8-2所示。

② 交通监控与调度：在交通场景中，目标检测可以识别行人、车辆、交通信号灯等，并分析交通流量，为智能交通信号灯控制、自动驾驶汽车和其他车辆调度等提供数据支持，如图2-8-3所示。

③ 工业自动化：在制造业中，目标检测技术可以用于产品质量检测，如识别生产线上产品的缺陷，确保产品质量。

图2-8-2　火焰目标检测　　　　图2-8-3　交通场景下的目标检测

第二篇 人工智能项目实例

任务二　拆解厨房保卫战任务

根据厨房保卫战功能流程图（图2-8-4），完成功能设计与技术实现构思。按照模块化的思想，大致分为视觉输入、智能处理和多模态输出三大模块。其中视觉输入的主要部件是摄像头，多模态输出模块指声效、动作等，对应音响和电机（舵机）之类的执行器。核心功能在智能处理模块，即对输入的视觉信息（图像）进行智能处理，这需要涉及AI模型的推理，来实现目标检测。

通过设问的方式对厨房保卫战的AI模型功能进行分析。

Q：我们需要实现的AI智能处理的内容是什么呢？

A：是否有人和是否有火的判别。

Q：我们该使用什么技术实现该判别呢？

A：使用目标检测AI模型，对摄像头采集到的画面进行目标检测，当画面中有火或者人时，就能检测出来。

Q：如何拥有智能目标检测的能力？

A：通过前期训练得到AI模型（行人目标检测模型+火焰目标检测模型）。

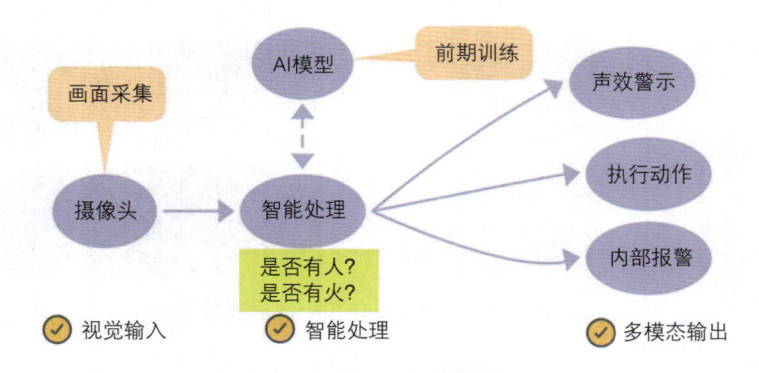

图2-8-4　厨房保卫战功能流程图

通过对项目的分析，学生们能够更加清晰地认识到完成厨房保卫战任务需要用到人工智能技术，能够明确模型实现的目标，并且在未来其他项目的设计中针对不同的项目功能，设计自己的AI模型。

学习活动 二　体验目标检测模型

本活动将详细介绍如何使用XEduHub对图片进行目标检测，使学生熟练调用内置的目标检测模型，逐句理解代码含义，充分体验目标检测技术。

任务一　回顾目标检测知识点

首先，目标检测的目标是识别图像或视频中特定物体的位置和类别。通常包括两个子任务：目标定位（确定物体位置）和目标分类（确定物体类别）。

目前有很多优秀的目标检测模型可供选择，通过使用现有的优秀模型可以完成很多的任务。

例如使用训练好的人手目标检测模型进行人手目标检测，通过模型推理，得到人手在图像画面中的位置坐标，凭借这些坐标可以设计不同的输出，实现人手控制的效果。

任务二　学习XEduHub目标检测代码

XEduHub提供的目标检测任务（图2-8-5）有四种：人手目标检测、人体目标检测、人脸目标检测和80种常见物体的目标检测模型。

图2-8-5　XEduHub目标检测任务

此处对图片文件夹（图2-8-6）中的图片进行目标检测。通过补全下列代码的方式可以尝试不同的检测任务，使用不同的目标检测模型对不同的图片进行推理。

图2-8-6　目标检测图片文件夹

```
from XEdu.hub import Workflow as wf #导入库
hand_det=wf(task='_____')#指定任务模型
boxes,img_with_box=hand_det.inference(data='_____',img_type='cv2')#对图片进行推理
```

任务三　上机实践目标检测代码

带领学生打开XEdu文件夹，使用Jupyter编辑器打开"目标检测.ipynb"文件，运行代码，获得模型推理结果（图2-8-7）。

```python
from XEdu.hub import Workflow as wf  #导入库
body_det = wf(task='det_body')  #实例化模型
img_path ='demo/body.jpg' #指定进行推理的图片路径
boxes,img_with_box = body_det.inference(data=img_path,img_type='cv2')  #进行推理
format_result =body_det.format_output(lang='zh')  #结果格式化输出
body_det.show(img_with_box)  #可视化结果
body_det.save(img_with_box,'demo/det_body.jpg')  #保存可视化结果
```

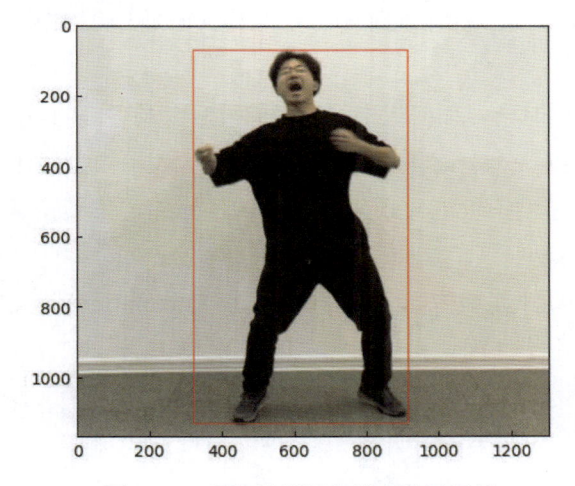

图2-8-7　目标检测任务推理结果示例

通过推理结果，可以判断出图像中是否有目标检测对象。由于变量boxes以二维数组的形式保存了检测框左上角顶点的坐标（x_1,y_1）和右下角顶点的坐标（x_2,y_2），有多个目标对象时，就会有多个检测框的顶点坐标信息，所以只需要使用Python中的len()函数计算boxes的长度，通过长度的数值就可以判断图像中有没有人。例如，当len(boxes)的大小为0时，说明图像中没有检测到人；当len(boxes)的大小为1时，说明图像中检测到1个人；当len(boxes)的大小为2时，说明图像中检测到2个人……

学习活动 三　灶台火焰目标检测数据集制作

在本活动中要为训练灶台火焰目标检测模型准备目标检测数据集，引导学生体验目标检测数据集制作的一般流程。

任务一　认识COCO格式数据集

在训练目标检测模型时，除了提供图片数据，还需要提供目标在图像中的具体位置信息，这通常是通过边界框（bounding box）来实现的。常用的边界框是一个矩形框，它可以准确地标记出目标在图像中的位置。每个边界框通常由以下几个部分组成。

① 边界框的坐标：通常包括左上角的x和y坐标，以及边界框的宽度和高度。

② 类别标签：每个边界框都要对应一个类别标签，表示框内物体的类别，如"狗""车""人"等。

在训练过程中，模型需要学习如何准确地预测这些边界框和类别标签。为了实现这一点，训练数据集中的每张图片都需要进行标注，标注出所有目标的边界框和对应的类别。这些标注信息通常存储在一个标注文件中，对于COCO数据集来说，这个文件是JSON格式的。

在训练时，模型会同时学习如何识别图像中的目标以及它们的位置。在模型的输出中，每个检测到的目标都会有一个与之关联的置信度分数，表示模型对于这个检测结果的确定程度。通过这种方式，模型不仅能够识别图像中的目标并定位其位置，还能表示目标存在的准确程度。

COCO格式数据集文件夹结构如图2-8-8所示，"annotations"文件夹存储标注文件，"images"文件夹存储用于训练、验证、测试的图片。

```
COCO 格式数据集（目标检测）
|---annotations
        |----test.json
        |----train.json
        |----valid.json
|---images
        |----test
        |----train
        |----valid
classes.txt
```

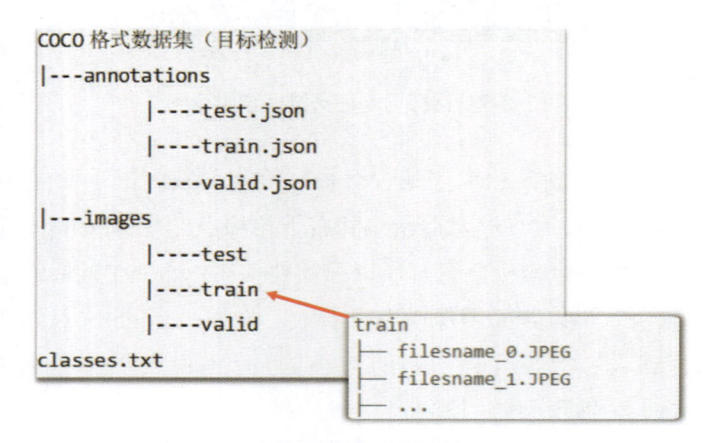

```
train
├── filename_0.JPEG
├── filename_1.JPEG
├── ...
```

图2-8-8　COCO格式数据集文件夹结构

任务二　准备数据

获取数据集的方式有很多种，可以在网络上查找开放的数据集使用。通过查找，发现现有的火焰数据集多是火灾时的火焰数据集，与厨房内灶台上的火焰有较大的差距，训练出的目标检测模型不能很好地检测出灶台上的火焰。因此，需要自己制作一个厨房灶台的火焰数据集。

制作图片数据集，除了一张张拍摄图片，还可以通过录制视频，以对视频进行抽帧的方式获取数据图片。注意：拍摄灶台火焰视频的步骤需要有成年人在场，在保证安全的情况下完成。为了减少安全隐患，最好由教师提供视频素材给学生进行处理。

学生拿到视频之后，对视频进行抽帧处理，制作图片数据集。在教师的指导下，阅读代码。

第一步：导入cv2库，并且定义抽帧的函数。

```python
import cv2

def get_each_frame(video_path):
    # 读取视频文件
    videoCapture = cv2.VideoCapture(video_path)
    # 读帧
    success, frame = videoCapture.read()
    i = 0
    # 设置固定帧率
    timeF = 10  # 帧率，根据情况自行修改合适的帧率
    j = 0
    while success:
        i = i + 1
        if (i % timeF == 0):
            j = j + 1
            address = 'dataset/fire/images/'+str(j)+'.jpg'
            # 保存图片的地址
            cv2.imwrite(address, frame)
            print(' save image:', i)
        success, frame = videoCapture.read()
```

第二步：调用抽帧函数。

```
get_each_frame(r"video/fire.mp4") # 视频地址
```

如果没有成功，请检查图片存放的路径是否存在。程序运行完后，获得的图像会存放在相应的文件夹中，如图2-8-9。

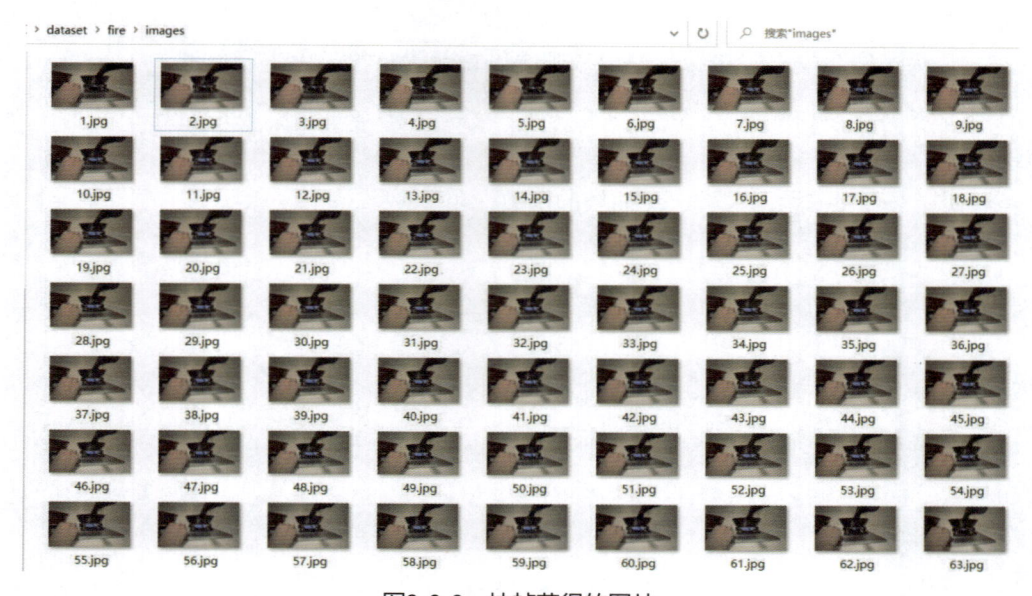

图2-8-9　抽帧获得的图片

任务三　划分数据

将图片分成三个文件夹存放：test（测试集）、train（训练集）、valid（验证集），如图2-8-10所示。

数据划分的方法并没有明确的规定，不过可以参考两个原则。

① 小规模样本集（几万量级），常用的分配比例是60%训练集、20%验证集、20%测试集。

② 大规模样本集（百万级以上），只要验证集和测试集的数量足够即可，例如有100万条数据，那么留1万验证集、1万测试集即可。1000万的数据，同样留1万验证集和1万测试集即可。

```
整理图片（目标检测）
|---images
    |----test
        |----xxx.jpg/png/....
    |----train
        |----xxx.jpg/png/....
    |----valid
        |----xxx.jpg/png/....
```

图2-8-10　图像数据集文件结构

任务四　使用LabelMe对数据集进行标注

使用LabelMe小组合作分工完成数据集标注工作，如图2-8-11所示。首先打开需要标注的图像数据集文件夹，对每张图片进行标注，拉出标注框并且填写类别标签。每完成一张图片的标注并且点击保存之后，就会产生一个对应的LabelMe格式的标注JSON文件，该文件里就保存了这张图片的标注信息。

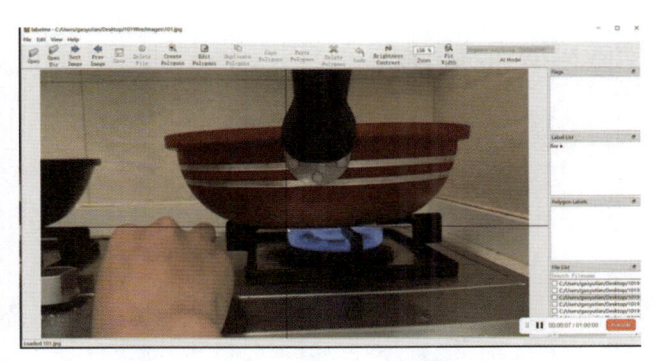

图2-8-11　使用LabelMe对数据集进行标注

任务五　将标注文件从LabelMe格式转为COCO格式

学生使用教师提供的格式转换代码，将标注文件从LabelMe格式转换成COCO格式。需要安装shapely库文件，并且需要根据数据集标注类别修改代码，指定需要转换的文件存放路径和转换完成后的文件存放路径，最后运行代码，将标注文件从LabelMe格式转为COCO格式。

任务六　检查整理COCO数据集

此时，数据集应该包含两个文件夹——"annotations"和"images"，如图2-8-12所示。annotations标注信息的文件夹里有三个标注文件：test.json，train.json，valid.json。images图片文件夹中有三个存放图片的文件夹：test，train，valid。

最后可以删除image文件夹中的每张图片的标注文件（例如1.json），使COCO数据集更加规范。

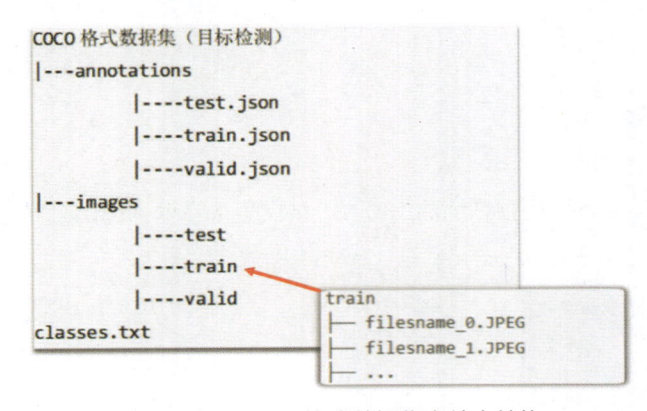

图2-8-12　COCO格式数据集文件夹结构

学习活动 四 目标检测模型训练

本活动将详细介绍目标检测模型训练的步骤,并使用XEdu在本地环境来实践火焰目标检测模型的训练。

任务一 实践模型训练过程

在本地进行火焰目标检测模型的训练。训练过程包括导入库、实例化模型、指定类别数量、指定数据集路径、指定保存路径、指定预训练模型、开始训练等步骤。

对于目标检测任务,MMDetection推荐的网络模型是SSD_Lite,这是目标检测任务中一个著名的一步检测(one-stage detector)神经网络模型。

学习轮次(epoch)表示完成多少次训练,以看书作比喻,每一轮就好比看完一遍书,模型会完整学习一次训练集,一般重复的轮数越多,效果越好。建议先把epoch改小一点,比如2,体验一下训练过程中输出的信息。

本地训练环境一般是CPU,而CPU训练速度较慢,如果数据集图片比较多,又是全新训练的,一般需要100多轮才会有较好的表现,会耗费大量的时间。所以强烈建议使用预训练的模型进行训练,以大幅度缩短训练时间、提升训练效果。使用预训练模型进行训练时学习率lr调低一些,这里设置学习率lr=0.0005。若想尝试不使用预训练模型,则checkpoint=None。若训练的电脑是GPU,则可以将device='cpu'修改为device='cuda'。

```python
from MMEdu import MMDetection as det #导入库
model = det(backbone='SSD_Lite') #实例化模型,设置模型类别
model.num_classes = 1 #图片分类的类别数量
model.load_dataset(path='dataset/fire_coco') #数据集的路径
model.save_fold = 'checkpoints/det_model/coco/SSD_Lite' #模型保存的路径
checkpoint = 'checkpoints/pretrain_fire_ssdlite_mobilenetv2.pth'
#使用预训练的SSD_Lite模型来降低训练的总时间,若想尝试不使用预训练模型则
checkpoint = None
model.train(epochs=2, lr=0.0005, validate=True, checkpoint=
checkpoint, batch_size=16, device='cpu') # 启动CPU容器则
device='cpu',启动GPU容器则device='cuda'
```

任务二　评估模型性能

在完成上述模型训练后，打开model.save_fold指定的checkpoints/det_model/coco/SSD_Lite文件夹，会发现多了两种文件（图2-8-13）：一种是.log.json日志文件，它记录了模型在训练过程中的一些参数，比如说学习率lr、所用时间time、损失loss，以及评估指标bbox_mAP等；另一种文件是.pth文件，这个是在训练过程中所保存的模型权重文件，分为按照训练轮次生成的权重文件epoch_x和一个best_bbox_mAP_epoch_x权重文件，best_bbox_mAP_epoch_x权重文件即目前为止准确率最高的权重。

文件名	修改日期	类型
20231023_135209.log.json	2023/10/23 14:57	JSON 源文件
best_bbox_mAP_epoch_1.pth	2023/10/23 14:19	PTH 文件
epoch_1.pth	2023/10/23 14:19	PTH 文件
epoch_2.pth	2023/10/23 14:56	PTH 文件
latest.pth	2023/10/23 14:56	PTH 文件

图2-8-13　模型训练后生成的文件示例

在.log.json日志文件中，loss_bbox是评估模型预测边界框的精度的指标，通常loss_bbox越小表示预测出的边框和标注的越接近；loss_cls是衡量目标检测任务中分类性能的损失函数，一般用于衡量模型预测的类别与真实类别之间的差距，先对每个预测的边界框分别预测一个类别，然后使用loss_cls计算每个框内分类预测的损失，通常loss_cls越小，每个框内的分类结果越准确；bbox_mAP可以类比检测准确度，指模型预测的边界框和真实边界框之间的重合度。

如果觉得效果不好，可以选择调整一下lr、epoch等参数继续训练，也可以选择更换网络模型再次开始训练。

学习活动　五　模型转换与推理

在本活动中，引导学生深入了解如何将经过训练的.pth格式的模型权重文件转换为ONNX格式。ONNX是一种开放的格式，它允许深度学习模型在不同的框架和平台之间进行迁移，这对于模型的部署尤为重要，尤其是在资源受限的设备上，如树莓派或行空板。

完成模型格式转换后，将探索如何使用XEduHub进行模型推理。

任务一　目标检测模型转换

最佳模型权重文件"best_bbox_mAP_epoch_1.pth"是使用MMEdu开发的,它是基于PyTorch的.pth格式。由于这个文件依赖于MMEdu库和PyTorch等众多包,因此在资源有限的硬件平台,如树莓派或行空板上,直接运行该.pth文件变得不切实际。安装这些依赖包不仅过程烦琐,还会占用大量存储空间,并且在运行时也会消耗大量内存。为了解决这个问题,可以将模型转换为ONNX(open neural network exchange,开放神经网络交换)格式。这种转换可以显著减少模型的存储需求,并且在开源硬件上部署时,能够提升运行效率和加快推理速度。

利用MMEdu可以将训练完的模型通过model.convert模型转换函数转换成ONNX格式。

```python
from MMEdu import MMDetection as det # 导入库
model = det(backbone='SSD_Lite') # 实例化模型,设置模型类别
checkpoint ='checkpoints/det_model/coco/SSD_Lite/best_bbox_mAP_epoch_1.pth'
out_file='checkpoints/det_fire.onnx'# 设置输出的文件
model. convert(checkpoint=checkpoint, out_file=out_file) # 模型转换
```

任务二　使用XEduHub进行模型推理

XEduHub提供了一种流程化的模型推理模式,这种模式使得用户能够更加便捷地使用深度学习模型进行推理任务。在XEduHub中,用户通过简单的几行代码,就能够完成从模型加载、数据处理、模型推理到结果展示和保存的整个流程。

使用XEduHub进行目标检测模型推理的过程如下:首先,导入XEduHub的Workflow模块,并初始化一个Workflow实例,指定任务类型为'mmedu'并加载指定的ONNX模型权重文件;然后,设置待推理的图片路径,并使用加载的模型对图片进行推理;接下来,将推理结果格式化为中文输出,并展示带有推理结果的图片;最后,将带有推理结果的图片(图2-8-14)保存到指定路径。

```python
from XEdu.hub import Workflow as wf # 导入库
mmdet = wf(task='mmedu', checkpoint='checkpoints/det_fire.onnx')
# 指定使用的ONNX模型
img ='demo/fire.jpg'# 指定推理图片的路径
```

```
result, result_img = mmdet.inference(data=img, img_type='cv2')
# 进行模型推理
format_result = mmdet. format_output(lang="zh") # 推理结果格式化输出
mmdet.show(result_img) # 展示推理结果图片
mmdet.save(result_img, 'demo/det_fire.jpg') # 保存推理结果图片
```

```
Success load model info generate by MMEdu>=0.1.15: {"codebase": "MMDet", "modelname": "SSD_Lite", "classes": ["fire"]}
模型加载成功!
[{'标签': 0,
 '置信度': 0.8300833,
 '坐标': {'x1': 444, 'y1': 267, 'x2': 599, 'y2': 305},
 '预测结果': 'fire'}]
```

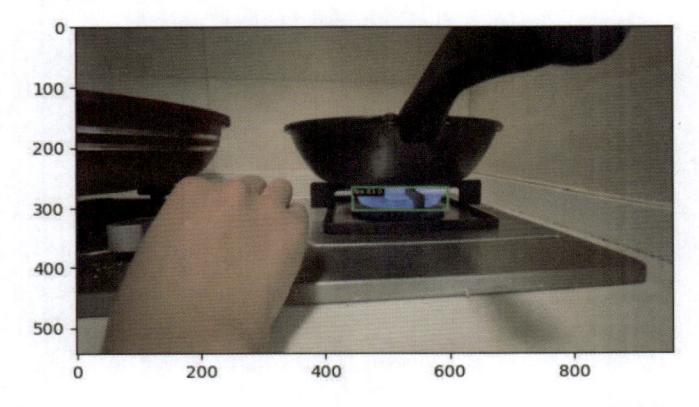

图2-8-14　XEduHub目标检测模型推理结果

学习活动 六　模型应用与部署

在本活动中，引导学生学习使用训练好的模型实现实时火焰目标检测，并将其部署到行空板上运行，结合开源硬件实现AI看火的功能。

任务一　实时目标检测

在学会使用MMEdu导出的ONNX模型进行推理之后，可以调用摄像头，检测实时画面中有无"火"和"人"。

将模型导入XEduHub库，调用摄像头，实例化"det_body""det_fire"模型，读取帧，进行推理，并且打印出推理结果和推理结果的可视化图片img。

```python
from XEdu.hub import Workflow as wf
import cv2

cap = cv2.VideoCapture(0) # 调用摄像头
det_body = wf(task='det_body') # 实例化人体目标检测模型
det_fire = wf (task='MMEdu', checkpoint ="checkpoints/det_fire.onnx") # 实例化火焰目标检测模型

while cap.isOpened():
    ret, frame = cap.read() # 获取帧
    if not ret: # 是否成功获取
        break
    bboxs_body, img = det_body.inference(data=frame, img_type='cv2')
    # 进行推理
    print(bboxs_body)
    bboxs_fire, img = det_fire.inference(data=img, img_type='cv2')
    # 进行推理
    print(bboxs_fire)
    cv2.imshow('video', img) # 呈现推理可视化图片
    if cv2.waitKey(1) & 0xFF == ord('q'):# 按Q键再按回车即可退出
        break
cap.release()
cv2.destroyAllWindows()
```

任务二　设计逻辑代码，实现"看火"功能

很显然，单纯地打印推理结果和输出推理结果可视化的图片，并不能实现真正的"看火"。所以要写逻辑代码，判断当前的帧中是否是"有火无人"的情况，并且对此发出"警报"。

这里允许学生有天马行空的想法，在逻辑代码和"警报"功能的实现上有不同的设计。下面展示一种"看火"逻辑设计（图2-8-15）：先判断当前有无火，若有火再判断当前有无人。目的是缩短人体检测推理的时间。而"警报"的方式是采用print输出。

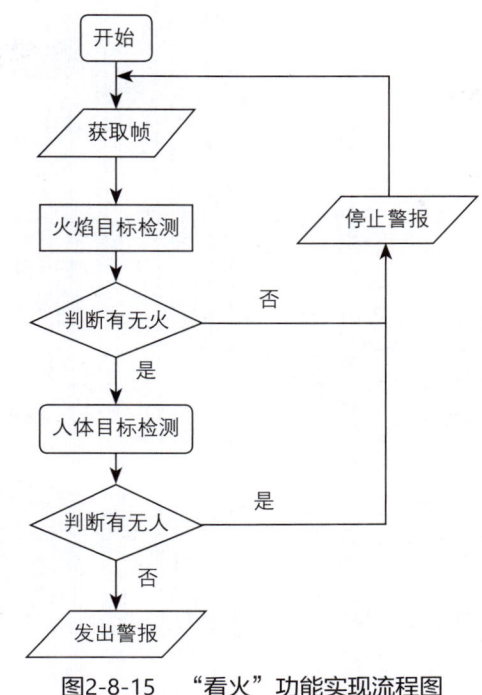

图2-8-15 "看火"功能实现流程图

"看火"功能实现代码如下：

```python
from XEdu.hub import Workflow as wf
import cv2
cap = cv2.VideoCapture(0) # 调用摄像头
det_body = wf(task='det_body') # 实例化detect模型
det_fire = wf (task='MMEdu', checkpoint = "checkpoints/det_fire.onnx")
while cap.isOpened():
    ret, frame = cap.read() # 获取帧
    if not ret: # 是否成功获取
        break
    bboxs_fire, img = det_fire.inference(data=frame, img_type='cv2')
    # 进行推理
    if len(bboxs_fire):
        bboxs_body, img = det_body.inference(data=img, img_type=
        'cv2')# 进行推理
        if len(bboxs_body):
            print("安全! 有火有人")
```

```
        else:
            print("危险!有火无人")
    else:
        print("安全! 无火")
    cv2.imshow('video', img)  #呈现推理可视化图片
    if cv2.waitKey(1) & 0xFF == ord('q'):# 按Q键再按回车即可退出
        break
cap.release()
cv2.destroyAllWindows()
```

任务三　硬件部署

除了在电脑上使用目标检测模型，实现智能看火功能外，还可以结合硬件，将代码部署到硬件上。

以行空板为例，设计一个程序，能够检测实时画面中火焰和人员的存在情况，当出现有火无人的情况时，行空板蜂鸣器会进行报警。

技术简介：

① 调用摄像头：使用CV2库调用摄像头，读取帧。

② 目标检测：使用XEduHub库，采用Workflow中'det_body'与'MMEdu'两个任务，分别进行人体目标检测和火焰目标检测。其中'MMEdu'任务是对已经过转化的ONNX模型进行推理。

③ 硬件调用：使用pinpong库，pinpong库中的Tone类可以控制蜂鸣器发声。

以下代码请在行空板上运行。

```
from XEdu.hub import Workflow as wf
import cv2
from pinpong.board import Board, Pin, Tone
# 从pinpong.board包中导入Board, Pin, Tone模块

Board().begin() # 初始化,选择板型和端口号,不输入则进行自动识别
tone = Tone(Pin(Pin.P26))  # 将Pin传入Tone中实现模拟输出
tone.freq(200) # 按照设置的频率200播放
cap = cv2.VideoCapture(0) # 调用摄像头
det_body = wf(task='det_body') # 实例化detect模型
```

```python
det_fire = wf(task='MMEdu', checkpoint ="checkpoints/det_fire.onnx")
while cap.isOpened():
    ret, frame = cap.read() # 获取帧
    if not ret: # 是否成功获取
        break
    bboxs_fire= det_fire.inference(data=frame)# 进行推理
    if len(bboxs_fire):
        bboxs_body=det_body.inference(data=frame, thr=0.5)# 进行推理
        if len(bboxs_body):
            print("安全！有火有人")
            tone.off() # 关闭蜂鸣器
        else:
            print("危险！有火无人")
            tone.on() # 打开蜂鸣器
    else:
        print("安全！无火")
        tone.off() # 关闭蜂鸣器
    cv2.imshow('video', frame) #呈现画面
    if cv2.waitKey(1) & 0xFF = ord('q'):# 按Q键再按回车即可退出
        break
cap.release()
cv2.destroyAllWindows()
```

学习活动 七 厨房保卫战项目展示与评价

引导学生从以下两个方面展示自己的厨房保卫战项目。

① 目标检测：展示使用摄像头实时检测，并通过训练好的模型检测图像中的人和火。

② 多模态交互：展示当检测到"有火无人"情况时，提供用户友好的交互，提醒用户当前情况存在安全风险。

展示与反思

学生思考并回答如下问题。

① 你在项目制作过程中，遇到了哪些问题，是如何解决的？通过问题的解决，你获取了哪些经验？

② 你的作品中使用了哪些核心技术，这些技术还可以应用到哪些领域来解决新的问题？

③ 你认为你的作品还有哪些功能不够完善？请写出改进方案。

实例九

AI发芽土豆分拣机项目的设计与制作

思维导图

- **AI发芽土豆分拣机项目的设计与制作**
  - 学习图像分类技术
    - 了解图像分类的应用场景
    - 体验图像分类的项目流程
    - 认识数据集的重要性
  - 数据集制作与优化
    - 明确分类问题需求
    - 数据预处理和划分
    - 数据集的质量优化
  - 理解模型训练算法与算力
    - 选择SOTA模型
    - 实践模型训练过程
    - 评估模型性能
    - 深入理解数据、算法、算力的作用
  - 模型推理与优化
    - 土豆分类模型推理
    - 了解算力对模型训练的影响
    - 预训练模型
    - 进行训练参数的实验
  - 模型转换和AI应用部署
    - 行空板准备
    - 模型转换
    - 行空板部署
    - 屏幕显示图像与文字
  - 多模态交互项目迭代
    - 了解多模态交互概念
    - 设计超声波检测开关
    - 语音输出
    - 外接舵机分拣
  - AI发芽土豆分拣机项目展示与评价

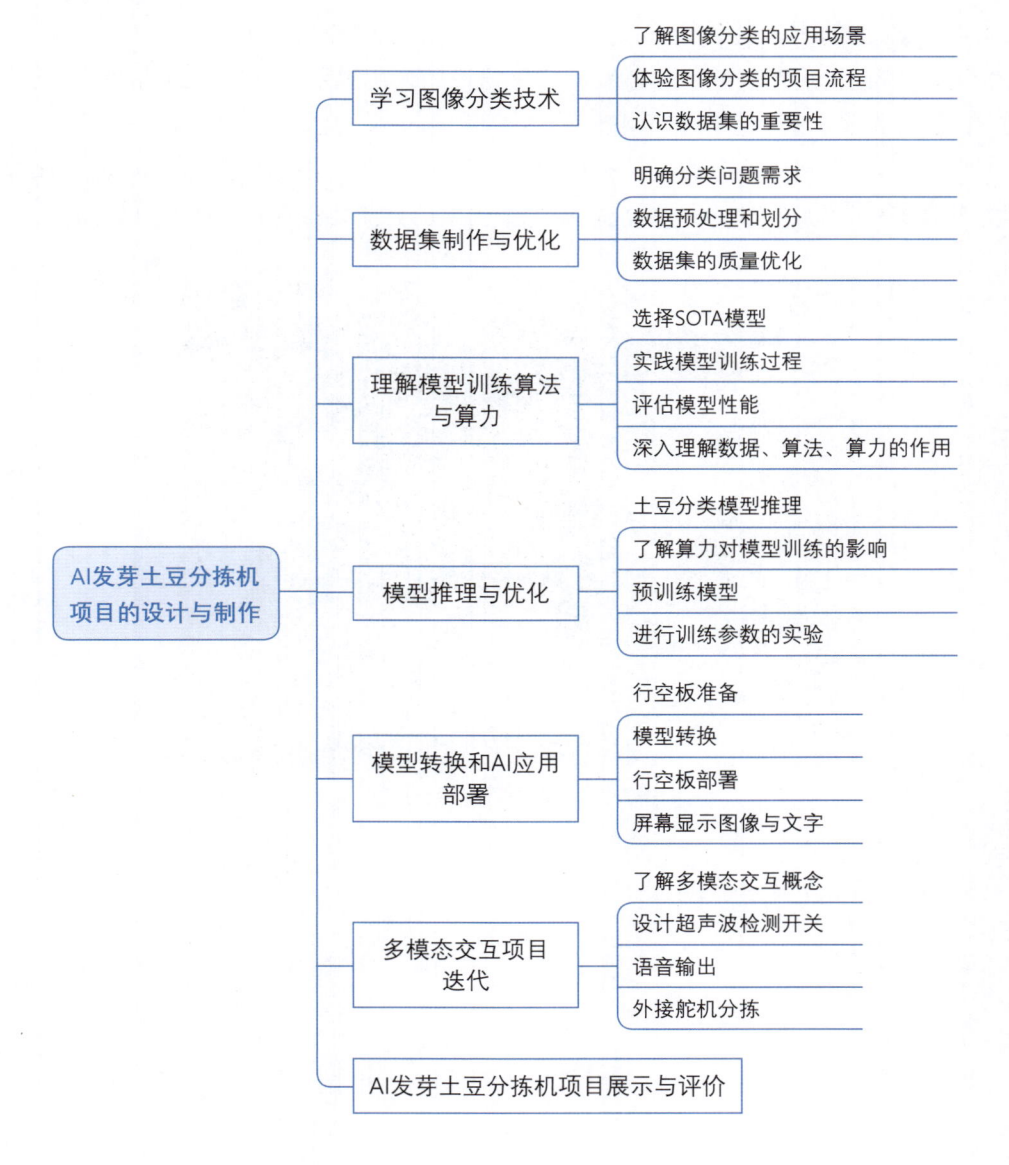

土豆烧牛肉、大盘鸡、青椒土豆丝等美食中少不了美味的土豆。土豆是日常饮食中的重要食材，而发芽的土豆含有毒素，不可食用，必须从正常土豆中有效分拣出来。在大量使用土豆的场景中，传统的人工分拣方式耗时耗力、效率低下，而且难以保证分拣的准确性和一致性。

随着人工智能（AI）技术的发展，通过开源硬件和程序控制，可以实现发芽土豆自动分拣。学生通过学习深度学习算法，运用图像分类技术，可以使分拣机具备自动识别发芽土豆的能力。AI发芽土豆分拣机不仅能够提高分拣效率，还能保障我们的食品安全。

发现与思考

① 学生通过查阅资料，了解目前已有的蔬果分拣机的外观和功能。

② 学生借鉴目前已有的智能蔬果分拣机的设计，用思维导图的方式将发芽土豆分拣机设计的主要特点和技术创新表示出来。

③ 学生思考现有土豆分拣机还有哪些功能不够完善，如何通过增加输入输出设备的方式提升分拣机的功能。可以在图2-9-1中标记出来，并简要说明自己的改进思路。

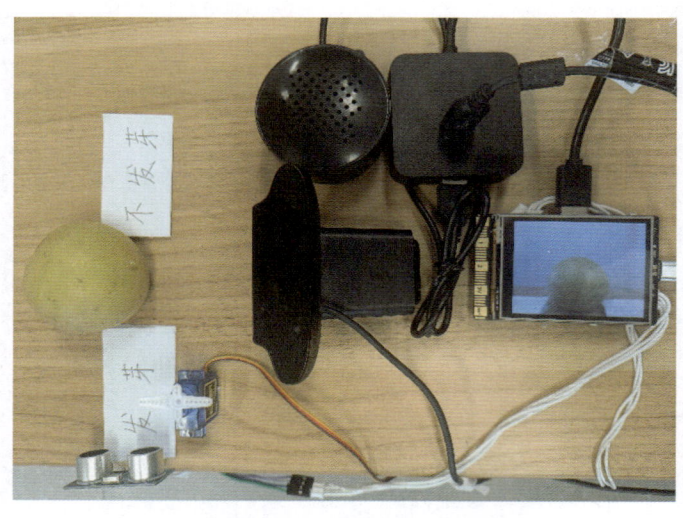

图2-9-1　AI发芽土豆分拣机

任务与实践

学习活动 一 学习图像分类技术

本活动介绍图像分类技术的常识,这是使计算机能够识别和理解图片内容的关键技术。在学习和体验过程中引导学生思考如何将图像分类技术运用到发芽土豆分拣机的设计中,进而产生运用人工智能技术解决真实问题的思路和创意。

任务一 了解图像分类的应用场景

学生回顾图像分类的基本原理,理解如何让计算机通过视觉系统识别图片中的内容,探讨图像分类的应用场景,例如在医学、安防、农业等领域的应用。学生思考并讨论表2-9-1的AI应用中,哪些应用属于图像分类的应用场景。

表2-9-1 AI的应用

行业名称	应用方向	优势
医疗保健	诊断辅助 个性化治疗计划 精准医疗 远程监控	提高诊断准确性,降低医疗成本
金融服务	欺诈检测 自动化交易 更智能的投资顾问 风险管理	提高交易效率,降低风险
制造业	预测性维护 供应链优化 自动化生产线 定制化生产	提高生产效率,减少停机时间
零售业	个性化推荐 库存管理 无人商店 增强现实购物体验	提升顾客体验,优化库存
交通运输	自动驾驶 交通流量管理 智能交通系统 无人驾驶出租车	减少交通事故,提高交通效率

续表

行业名称	应用方向	优势
教育	自动评分 个性化学习 虚拟教师 终身学习平台	提供个性化学习路径，减轻教师负担
安全监控	视频监控分析 入侵检测 智能城市安全系统	提高监控效率，快速响应

任务二　体验图像分类的项目流程

学生使用浦育平台AI图像分类体验工具（图2-9-2）快速实践简单图像分类项目，例如区分土豆和其他蔬果，分辨抬头、低头等人体动作。通过摄像头收集图像数据，创建自己的图像分类数据集，快速训练一个模型，并尝试使用训练好的模型对新图像进行分类。通过这一过程的体验，学生写出自己的图像分类项目体验的基本流程。

图2-9-2　浦育平台AI图像分类体验工具

任务三　认识数据集的重要性

如果在模型训练的分类数据中，加入错误的"脏数据"（特指在电子与信息技术领域存在质量缺陷的数据集合）后模型性能会发生怎样的变化？引导学生通过实验理解数据集的数量和质量对模型性能的影响。

学生思考并讨论数据集的哪些质量将影响模型的性能，以及如何处理"脏数据"，了解如何收集和整理用于图像分类的数据集，包括数据的采集、清洗。

通过这些活动，学生初步了解了人工智能图像分类技术的应用，亲手实践探索了图像分类模型的训练，并通过实验理解了数据质量对于模型训练的重要性，为未来AI发芽土豆分拣机的设计和制作奠定了基础。

学习活动 二 数据集制作与优化

高质量的数据是训练有效图像分类模型的基石，本学习活动重点介绍数据集的制作和优化。在此引导学生通过参与制作和完善高质量的数据集，体验图像分类数据集制作的一般流程。

任务一 明确分类问题需求

首先需要明确发芽土豆识别问题的需求——识别发芽和不发芽的土豆。常见的智能摄像头集成了K210神经网络处理器（NNP），能够运行多种深度学习模型，适用于图像识别、语音识别等任务，但不能很好地用来识别土豆发芽这样的细节。为此，需要训练一个识别发芽和不发芽土豆的图像分类模型。首先需要准备一个包含发芽和不发芽土豆的二分类图像数据集，如图2-9-3所示。

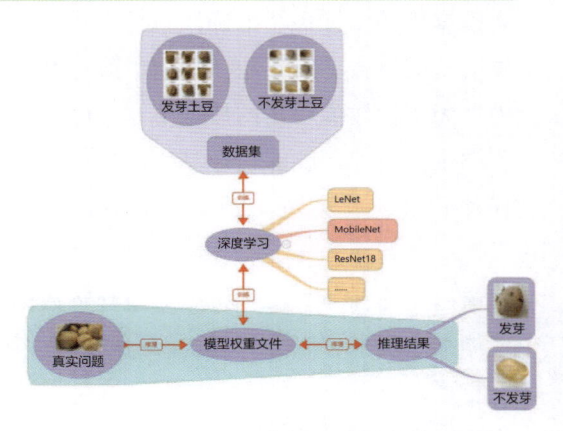

图2-9-3 图像分类模型训练

学生实践数据采集，选择合适的发芽和不发芽土豆样本，并使用智能手机拍摄图片，用于制作数据集。

任务二 数据预处理和划分

数据预处理是确保数据集质量的重要步骤，需要考虑模型运行的环境（行空板），确定选用的图像分类模型（MobileNet），进而确定图像数据的格式需求。以制作MobileNet图像分类数据集为例，进行图像裁剪、大小调整和对比度增强等操作，以提高数据集的整体质量。在此过程中，引导学生思考如何批量处理图片以提高制作的效率。

使用浦育平台的土豆发芽检测数据集（图2-9-4），该数据集包含1788张256×256像素的jpg格式图片，按照数量

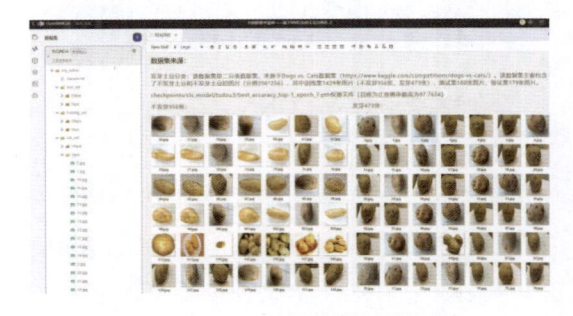

图2-9-4 土豆发芽检测数据集

8：1：1的比例划分为训练集（training_set）、验证集（val_set）和测试集（test_set）三个文件夹。其中训练集包含1429张图片（不发芽956张，发芽473张），测试集包含180张图片，验证集包含179张图片。在此基础上，学生使用自己采集的土豆图像数据对数据集进行完善。

学习了数据集制作以后，引导学生思考如何利用XEdu工具用已有的数据制作自己的数据集，通过查阅资料尝试解释什么是训练集、验证集和测试集。

任务三　数据集的质量优化

数据集的多样性、准确性直接影响到模型训练的效果和后续课程的实施。数据集中的土豆图片应涵盖不同大小、形状、颜色和背景下的发芽和不发芽土豆，以提高模型的泛化能力。为了构建高质量的数据集，一般每个类别会用到超过1000张图片。

学生探讨如何能够快速制作高质量的数据集，完成数据集的完善，记录自己的数据集制作流程和优化方法（拍摄视频后自动截图，特别要注意背景的干扰，可以使用统一背景）。

通过这些任务，学生将更好地理解数据集对于训练AI模型的重要性，并在后续的实践中更加细心观察、思考和寻找问题解决方案。

学习活动 三　理解模型训练算法与算力

本活动将详细介绍模型训练的步骤，并使用浦育平台工具来实践土豆图像分类模型的训练，将深入探讨AI模型训练的核心环节，使学生理解模型训练中算法与算力的作用。

任务一　选择SOTA模型

卷积神经网络（CNN）在图像识别任务中具有多个显著优点，是当前图像识别的首选方法。浦育平台内置了多种使用不同算法的卷积神经网络SOTA模型，如LeNet、MobileNet、ResNet18和ResNet50。所谓SOTA（state of the art）模型不是特指某个模型，而是指在一定时期某项研究任务中，表现最好、最先进的一批模型。

LeNet：在历史上是识别手写数字的SOTA模型，现在多用于教学，如图2-9-5所示。

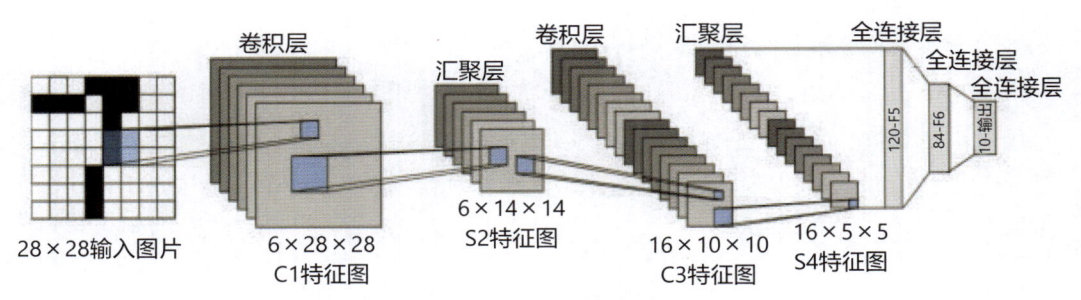

图2-9-5　LeNet的架构

MobileNet：在移动设备上的图像识别的SOTA模型，非常轻量化，在准确率和算力资源消耗之间取得了良好的平衡，如图2-9-6所示。

ResNet：采用了残差学习框架和更深的网络结构，是许多图像识别任务的SOTA模型。

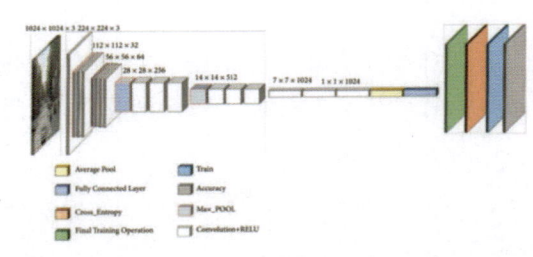

图2-9-6　MobileNet的架构

模型的选择通常基于任务的特定需求以及实际可用的计算资源决定。针对发芽土豆识别的问题，以及中小学常用的模型运行的环境（树莓派和行空板算力相对不足），引导学生探讨确定选用哪种图像分类SOTA模型。

任务二　实践模型训练过程

在此使用浦育平台进行土豆图像分类模型的训练。训练过程包括导入库、实例化模型、指定类别数量、指定数据集路径、指定保存路径、开始训练，使用默认参数训练模型。

训练模型的示例代码如下：

```python
from MMEdu import MMClassification as cls
#实例化模型,网络名称为'MobileNet',还可以选择'LeNet''ResNet18''ResNet50'
model = cls(backbone='MobileNet')
#指定图片的类别数量
model.num_classes=2
#指定数据集的路径
model.load_dataset(path='/data/BJQNDA/my_tudou')
```

```
#指定保存模型配置文件和权重文件的路径
model, save_fold = 'checkpoints/cls_model/tudou_mobilenet_2'
#开始训练，轮次为10，"validate=True"表示每轮训练后，在验证集上测试一次准确率
#如果使用GPU训练需要加上device='cuda'
model, train(epochs=3, lr=0.01, batch_size=4, validate=True, )
```

任务三　评估模型性能

训练过程（图2-9-7）中，loss值下降说明模型在变好；“validate=True”表示使用验证集来评估模型的性能，每轮训练后，在验证集上测试一次准确率，如：Best accuracy_top-1 is 68.7151 at 2 epoch。

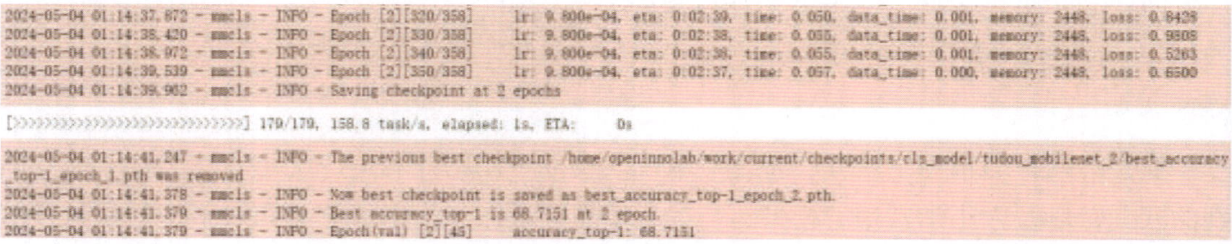

```
2024-05-04 01:14:37,872 - mmcls - INFO - Epoch [2][320/358]    lr: 9.800e-04, eta: 0:02:39, time: 0.050, data_time: 0.001, memory: 2448, loss: 0.8428
2024-05-04 01:14:38,420 - mmcls - INFO - Epoch [2][330/358]    lr: 9.800e-04, eta: 0:02:38, time: 0.055, data_time: 0.001, memory: 2448, loss: 0.9808
2024-05-04 01:14:38,972 - mmcls - INFO - Epoch [2][340/358]    lr: 9.800e-04, eta: 0:02:38, time: 0.055, data_time: 0.001, memory: 2448, loss: 0.5263
2024-05-04 01:14:39,539 - mmcls - INFO - Epoch [2][350/358]    lr: 9.800e-04, eta: 0:02:37, time: 0.057, data_time: 0.000, memory: 2448, loss: 0.6500
2024-05-04 01:14:39,982 - mmcls - INFO - Saving checkpoint at 2 epochs

[>>>>>>>>>>>>>>>>>>>>>>>>>>>>>] 179/179, 158.8 task/s, elapsed: 1s, ETA:     0s

2024-05-04 01:14:41,247 - mmcls - INFO - The previous best checkpoint /home/openinnolab/work/current/checkpoints/cls_model/tudou_mobilenet_2/best_accuracy_top-1_epoch_1.pth was removed
2024-05-04 01:14:41,378 - mmcls - INFO - Now best checkpoint is saved as best_accuracy_top-1_epoch_2.pth.
2024-05-04 01:14:41,379 - mmcls - INFO - Best accuracy_top-1 is 68.7151 at 2 epoch.
2024-05-04 01:14:41,379 - mmcls - INFO - Epoch(val) [2][45]    accuracy_top-1: 68.7151
```

图2-9-7　模型训练过程

如果觉得效果不好，可以选择调整一下lr、epoch等参数继续训练，也可以选择更换网络模型再次开始训练。

其中，学习速率（learning rate，即lr）又称学习率、学习步长等。学习率就像看书时翻页的速度，翻页速度过快，可能会错过重要内容或者理解不够深入，比如只看标题和目录，能够把握大意，但并不精通，这样可以快速提升模型的准确率，但不够精细。学习率小，表示翻页速度过慢，就好像读书时咬文嚼字，能够学习得很精细，但用的时间也自然更长。简而言之，学习率过小，训练过程会很缓慢；学习率过大时，模型精度会降低。

任务四　深入理解数据、算法、算力的作用

模型训练的目的是通过算法从数据中学习，从而使模型能够识别和分类未见过的数据。数据不仅需要足够多，还要有代表性，以确保模型能够学习到正确的特征。根据具体问题选择合适的算法和模型，通常基于任务的特定需求、复杂度、所需的准确率以及实际可用的硬件算力决定。

通过这些任务，学生深入理解了模型训练的各个方面。引导他们写出自己获得的宝贵实战经验。

学习活动 四 模型推理与优化

模型训练涉及数据的准备、算法的选择、算力资源和训练参数的调整等多个因素的相互作用。整个模型训练过程是一个不断优化的过程，需要根据实际情况灵活调整、不断迭代，可以逐步提升模型的性能，达到更好的训练效果。训练好的模型应用到模型推理中，实现分类的目标。

任务一 土豆分类模型推理

模型训练的目标就是解决实际问题——推理图片中的土豆是否发芽。那么，如何运用训练好的模型进行实际推理呢？

在浦育平台项目中直接使用模型推理的代码，通过简单修改推理的代码，设置推理所需要的模型权重文件（修改为自己训练的最佳权重文件）、一张新的图片（可指定测试集中的图片，也可以自己上传），然后进行推理。

```python
#导入必要的库
from MMEdu import MMClassification as cls
#实例化模型，网络名称为'MobileNet'
model = cls(backbone='MobileNet')
#设置之前训练好的模型权重文件、分类标签信息文件
checkpoint ='checkpoints/cls_model/tudou3/best_accuracy_top-1_epoch_7.pth'
class_path ='/data/BJQNDA/my_tudou/classes.txt'
#设置好推理使用的图片
img_path ='picture/BAIDU/td7.jpeg'
#进行推理
result = model.inference(image=img_path, show=True, class_path = class_path, checkpoint = checkpoint)
#打印推理结果
model.print_result(result)
```

学生自己指定图片并启动推理过程，模型将根据学习结果对输入图片进行分类，判断照片中的土豆是否发芽，如图2-9-8所示。

图2-9-8　模型推理

学生观察模型在不同情况下的表现，分析误判的原因。对推理结果进行分析，思考模型的性能与局限性。

任务二　了解算力对模型训练的影响

在模型训练过程中，学生设置一个相同的训练任务，分别在浦育平台CPU版（1Core；RAM:6GB❶）和GPU版（1Core；RAM:6GB）不同的训练环境的相同参数条件下进行训练。同时需要注意，使用GPU训练需要在训练参数中加上device='cuda'。通过GPU与CPU在模型训练中效率的对比（表2-9-2），可以了解到算力对于模型训练的影响：算力越强，模型训练的速度越快。

表2-9-2　CPU与GPU在模型训练中效率的对比

轮次编号	CPU用时/s	GPU用时/s	用时比（CPU/GPU）
1			
2			
……			
总轮次：	总用时（CPU）：	总用时（GPU）：	平均用时比：

---

❶ 指1核，随机存取内存为6GB。

任务三　预训练模型

可以使用验证集来评估模型，选用最佳权重文件，以此为预训练模型继续训练，如图2-9-9所示，结合微调参数使模型达到更好的效果。微调是指在预训练模型的基础上，通过少量的迭代来调整模型的参数，如：使用checkpoints/cls_model/tudou3/best_accuracy_top-1_epoch_38.pth预训练模型，同时调整学习率lr=0.01为lr=0.001，继续训练提升模型的性能。

```
[1] from MMEdu import MMClassification as cls
    model = cls(backbone='MobileNet')
    model.num_classes = 2
    model.load_dataset(path='/data/BJQNDA/my_tudou')
    model.save_fold = 'checkpoints/cls_model/tudou3'
    #使用验证集来评估模型，选用最佳权重文件，以此为预训练模型继续训练
    model.train(epochs=2,lr=0.001,checkpoint='checkpoints/cls_model/tudou3/best_accuracy_top-1_epoch_38.pth',
                batch_size=4,validate=True,device='cuda')
2024-05-04 10:36:56,839 - mmcls - INFO - Epoch [1][340/358]    lr: 1.000e-03, eta: 0:00:22, time: 0.051,
2024-05-04 10:36:57,303 - mmcls - INFO - Epoch [1][350/358]    lr: 1.000e-03, eta: 0:00:21, time: 0.046,
2024-05-04 10:36:57,678 - mmcls - INFO - Saving checkpoint at 1 epochs
[>>>>>>>>>>>>>>>>>>>>>>>>>>>>] 179/179, 132.7 task/s, elapsed: 1s, ETA:     0s
2024-05-04 10:36:59,321 - mmcls - INFO - Now best checkpoint is saved as best_accuracy_top-1_epoch_1.pth.
2024-05-04 10:36:59,322 - mmcls - INFO - Best accuracy_top-1 is 86.0335 at 1 epoch.
2024-05-04 10:36:59,322 - mmcls - INFO - Epoch(val) [1][45]    accuracy_top-1: 86.0335
```

图2-9-9　使用预训练模型继续训练

学生观察模型性能的变化，理解预训练模型的优点，如提高模型性能、节省训练时间和计算资源、增强模型泛化能力和迁移学习能力。

任务四　进行训练参数的实验

学生进行分组实验，对比训练轮数（epoch）、学习率（learning rate）、批量大小（batch size）等不同参数对模型训练效果的影响。通过实验，理解如何调整这些参数以优化模型训练过程和提高模型的准确性。

可以在课后继续使用浦育平台训练模型，提高模型权重文件准确率。引导学生写出自己获得的宝贵实践经验，说一说还想训练一个怎样的AI图像分类模型来解决遇到的问题。

至此，学生完成了从真实问题到AI模型的训练，感受到了AI应用开发的乐趣。通过这些任务，学生不仅可以获得实战经验，还可以体会到数据、算法和算力是如何相互支撑、相互促进，共同推动模型性能提升的。

学习活动 五 模型转换和AI应用部署

本活动将介绍如何将训练好的模型部署到行空板上运行，结合开源硬件实现AI发芽土豆分拣机的功能。学生通过学习可以深入理解多模态交互技术在人工智能项目中的应用方法与实践操作。

任务一 行空板准备

行空板是采用微型计算机架构的国产开源硬件，自带Linux操作系统和Python运行环境，集成了LCD（液晶显示）彩色触摸屏、Wi-Fi、麦克风等多种常用传感器和丰富的拓展接口，支持接入摄像头、扬声器等外设和超声波传感器、舵机等开源硬件。

行空板使用方便，支持Mind+等图形化编程工具，如图2-9-10所示，预装了常用的Python库和控制开源硬

图2-9-10 使用Mind+安装库

件的pinpong库，还可以快速安装人工智能运行库。学生用行空板终端的pip命令来安装本项目所需的库。

任务二 模型转换

在浦育平台训练好的模型权重文件best_accuracy_top-1.pth是基于MMEdu的pth文件，需要MMEdu库和PyTorch等多个依赖包。因此，树莓派、行空板这样的开源硬件上无法直接运行pth文件。大量的依赖包不仅安装麻烦，同时也需要占用大量的存储空间，并且运行也需要占用很大的内存空间。可以将模型转换为ONNX格式，以便在开源硬件上进行部署，这样不仅可以大大缩小存储空间，而且可以提高运行效率、加快推理速度。

利用MMEdu可以将训练完的模型通过model.convert模型转换函数转换成开源硬件设备能够运行的推理框架，例如：ONNX、NCNN。在运行model.convert模型转换函数前需要先安装以下依赖包：

!pip install onnx

```
!pip install onnxruntime
!pip install onnxsim
```

模型转换成功后会根据代码中的out_file设置生成一个.onnx文件和一个.py文件。本项目在浦育平台中可以使用转化好的.onnx文件进行推理测试。

```
from MMEdu import MMClassification as cls
model = cls(backbone='MobileNet')
checkpoint = 'checkpoints/cls_model/tudou3/best_accuracy_top-1_epoch_7.pth'
model.num_classes = 2
class_path = '/data/BJQNDA/my_tudou/classes.txt'
out_file = 'out_file/tudou.onnx'
model.convert(checkpoint=checkpoint, backend="ONNX", out_file=out_file, class_path=class_path)

load checkpoint from local path: checkpoints/cls_model/tudou3/best_accuracy_top-1_epoch_7.pth
Successfully exported ONNX model: out_file/tudou.onnx
```

任务三　行空板部署

经过前面的准备，可以直接部署到行空板上运行的程序和文件已经转换好了，如此让图像分类成为AI发芽土豆分拣机的核心功能。可以在浦育平台下载以下部署所需的文件：tudou.py基础程序（在out_file文件夹内）、BaseData.py支持文件和out_file文件夹（包含tudou.onnx）。使用Mind+软件连接行空板，将部署文件上传到行空板，就可以在行空板（连接摄像头）运行tudou.py，当程序运行完成显示result，就表示ONNX模型部署成功，如图2-9-11～图2-9-13所示。

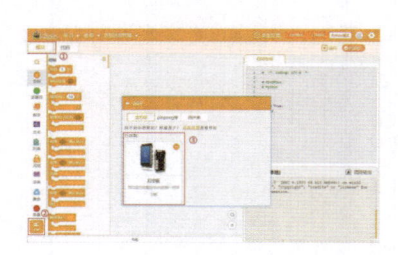

图2-9-11　Mind+连接行空板 　　　图2-9-12　上传转换好的文件 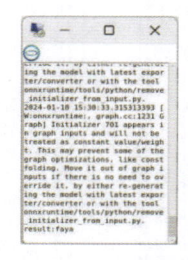　　　图2-9-13　运行结果

任务四 屏幕显示图像与文字

转换生成的tudou.py程序文件已经使用了OpenCV库,可以使用摄像头获取实时图像并输入模型中进行识别。为了更加准确识别土豆,需要让拍摄画面正对土豆,可以使用行空板的显示屏实时显示拍摄画面。同时,还需要更清晰地看到结果,要让识别结果和图像同步显示到屏幕。通过修改OpenCV显示程序,可以实现屏幕显示图像与文字识别结果的同步显示。

```python
1  import cv2
2  import BaseData
3  import onnxruntime as rt
4  import numpy as np
5  #初始化摄像头
6  cap = cv2.VideoCapture(0)
7  cap.set(cv2.CAP_PROP_FRAME_WIDTH, 320)
8  cap.set(cv2.CAP_PROP_FRAME_HEIGHT, 240)
9  #创建窗口
10 cv2.namedwindow('camera', cv2.WND_PROP_FULLSCREEN)
11 cv2.setwindowProperty('camera', cv2.WND_PROP_FULLSCREEN, cv2.WINDOW_FULLSCREEN)
12
13 tag = ['0faya', 'faya']
14 sess = rt.InferenceSession('out_file/tudou.onnx', None)
15 input_name = sess.get_inputs()[0].name
16 out_name = sess.get_outputs()[0].name
17 while True:
18     ret_flag, Vshow=cap.read()    #读取图像
19     if not ret_flag:
20         continue   #如果没有成功捕获到图像,跳过当前循环
21     Vshow = cv2.rotate(Vshow, cv2.ROTATE_90_COUNTERCLOCKWISE)
       #旋转图像
22     dt = BaseData.ImageData(Vshow, backbone="MobileNet")
       #处理图像数据
23     input_data = dt.to_tensor()
```

```
24      #进行ONNX分类
25      pred_onx = sess.run([out_name], {input_name: input_data})
26      ort_output = pred_onx[0]
27      idx = np.argmax(ort_output, axis=1)[0]
28      #在图像上添加文本并显示结果
29      cv2.putText(Vshow, tag[idx], (0, 40), cv2.FONT_HERSHEY_
        TRIPLEX, 1, (150, 0, 180), 1)
30      cv2.imshow('camera', Vshow)
31      #检查是否按下Esc键退出程序
32      if cv2.waitKey(5)&0xFF == 27:
33          break
34  #释放摄像头资源并关闭窗口
35  cap.release()
36  cv2.destroyAllwindows()
```

行空板运行结果如图2-9-14所示。

图2-9-14　行空板运行结果

学习活动 六　多模态交互项目迭代

在这一学习活动中，将引导学生深入理解多模态交互技术的概念和应用场景。通过实践应用pinpong等Python库控制开源硬件实现多模态交互，用于AI发芽土豆分拣机的项目迭代。

任务一　了解多模态交互概念

多模态交互是一种融合多种感官信息的交互方式，它可以通过图像、文字、语音等多种形式的输入和输出来实现人与计算机之间的交流，如图2-9-15所示。

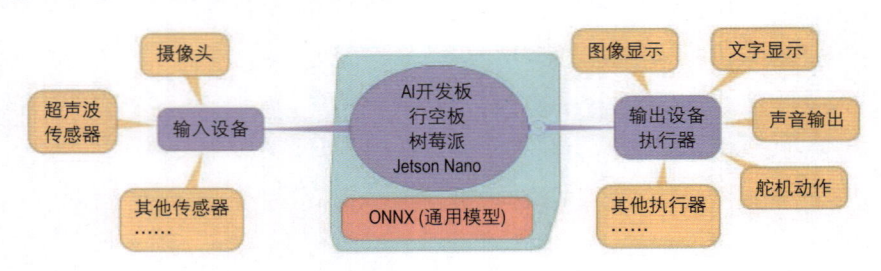

图2-9-15　多模态交互

任务二　设计超声波检测开关

图像识别程序处于无限循环状态，还无法有效控制土豆分拣。可以使用超声波传感器判断土豆是否进入识别区域，并控制图像识别的启动和停止。控制超声波传感器需要使用行空板自带的pinpong库，将超声波传感器连接到行空板的I2C接口（pin19，pin20）。

超声波传感器初始化程序如下：

```python
import cv2
import BaseData
import onnxruntime as rt
import numpy as np
from pinpong.extension.unihiker import *
from pinpong.board import SR04_URM10
from pinpong.board import Board, Pin

Board().begin()
sonar1 = SR04_URM10(Pin((Pin.P19)), Pin((Pin.P20)))

screen_rotation=False
cap=cv2.VideoCapture(0)    # 设置摄像头编号，如果只插了一个USB摄像头，
    基本上都是0
```

```python
14  cap.set(cv2.CAP_PROP_FRAME_WIDTH, 320)   # 设置摄像头图像宽度
15  cap.set(cv2.CAP_PROP_FRAME_HEIGHT, 240)  # 设置摄像头图像高度
16  cap.set(cv2.CAP_PROP_BUFFERSIZE, 1)      # 设置OpenCV内部的图像缓存，
    可以极大提高图像的实时性。
17  cv2.namedWindow('camera', cv2.WND_PROP_FULLSCREEN)  # 窗口全屏
18  cv2.setwindowProperty('camera', cv2.WND_PROP_FULLSCREEN,
    cv2.WINDOW_FULLSCREEN)   # 窗口全屏
19
20  tag = ['0faya', 'faya']
21  def onnx_cls(img):    # 定义ONNX图像分类识别函数，返回值为0或1,
    对应tag = ['0faya', 'faya']
22      sess = rt.InferenceSession('out_file/tudou.onnx', None)
23      input_name = sess.get_inputs()[0].name
24      out_name = sess.get_outputs()[0].name
25      dt = BaseData.ImageData(img, size=(224, 224))
26      input_data = dt.to_tensor()
27      pred_onx=sess.run([out_name], {input_name: input_data})
28      print("----------------------------------------")
29      result = np.argmax(pred_onx[0], axis=1)[0]
30      confidence = np.max(pred_onx[0], axis=1)[0]
31      print('Confidence:', confidence)
32      return result
```

为了使程序更加清晰，将程序分为硬件初始化、显示初始化、ONNX图像分类识别函数、循环检测主程序这4个模块。定义ONNX图像分类识别函数，返回值为0或1，对应tag=['0faya','faya']，让循环检测主程序更加清晰直观。完成程序修改后运行，便可以实现使用超声波传感器作为土豆检测的开关：

```python
34  while not cap.isOpened():
35      continue
36  idx=0
37  while True:
38      success, image = cap.read()
```

```
39    if success:
40        success, image = cap.read()
41        image = cv2.rotate(image, cv2.ROTATE_90_COUNTERCLOCKWISE)
42        if(sonar1.distance_cm()<=10):
43            idx = onnx_cls(image)
44            print('result:' + tag[idx])
45        cv2.putText(image, tag[idx], (0, 40), cv2.FONT_HERSHEY_
          TRIPLEX, 1, (150, 0, 180), 1)
46        cv2.imshow('camera', image)
47    if cv2.waitKey(5)&0xFF == 27:
48        break
49 cap.release()
50 cv2.destroyAllWindows()
```

任务三　语音输出

为了让AI发芽土豆分拣机更加具有交互性，可以让它"说话"。行空板没有专用的音频输出接口，可以使用USB小音箱输出语音，因为行空板只有一个USB接口，这时还需要一个USB hub（集线器）进行扩展，如图2-9-16所示。可在行空板自带显示屏上显示图像和文字结果，并将识别结果以语音的形式输出到音箱。

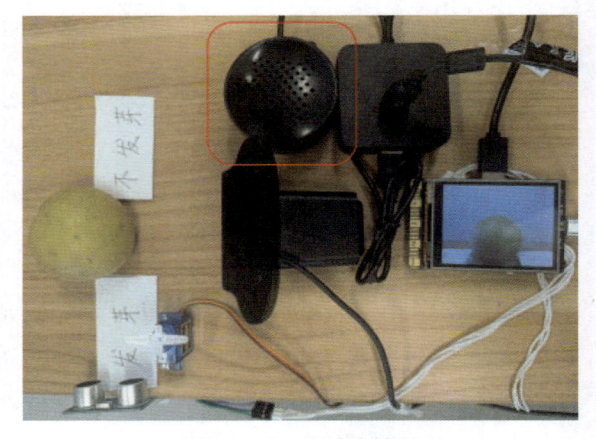

图2-9-16　硬件连接图

完成硬件连接后行空板需要先安装pyttsx3库，pyttsx3是一个Python26库，用于控制文本到语音转换。它是一个跨平台的库，支持Windows、macOS和Linux操作系统。pyttsx3使用简单，无须联网就可以使用，非常容易集成到Python项目中。pyttsx3还支持异步操作，让AI发芽土豆分拣机"开口说话"的同时还能继续其他操作。

pyttsx3库的使用程序：

```python
1  import cv2
2  import BaseData
3  import onnxruntime as rt
4  import numpy as np
5  import pyttsx3
6  from pinpong.extension.unihiker import *
7  from pinpong.board import SR04_URM10
8  from pinpong.board import Board, Pin
9
10 Board().begin()
11 sonarl = SR04_URM10(Pin((Pin.P19)), Pin((Pin.P20)))
12 engine = pyttsx3.init()
```

主程序加入if语句控制语音输出:

```python
while True:
    success, image = cap.read()
    if.success:
        success, image = cap.read()
        image = cv2.rotate(image, cv2.ROTATE_90_COUNTERCLOCKWISE)
        if(sonar1.distance_cm()<= 10):
            idx = onnx_cls(image)
            print('result:'+tag[idx])
            if tag[idx] == '0faya':
                engine.say("土豆没有发芽，可以食用！")
                engine.runAndwait()
            elif tag[idx] == 'faya':
                engine.say("发芽土豆有毒，不可食用！")
                engine.runAndwait()
            cv2.putText(image, tag[idx], (0, 40), cv2.FONT_
            HERSHEY_TRIPLEX, 1, (150, 0, 180), 1)
            cv2.imshow('camera', image)
```

```
        if cv2.waitKey(5)&0xFF == 27:
            break
cap.release()
cv2.destroyAllwindows()
```

任务四　外接舵机分拣

为了让AI发芽土豆分拣机工作起来，学生可以使用外接舵机对识别好的土豆进行分拣。首先对舵机初始化，并指定其连接的控制板pin23引脚。行空板根据ONNX模型的推理结果，控制舵机旋转到相应的角度，以将土豆分拣到不同的出口，实现发芽土豆的分拣功能。

舵机初始化程序：

```
1  import cv2
2  import BaseData
3  import onnxruntime as rt
4  import numpy as np
5  import pyttsx3
6  from pinpong.extension.unihiker import *
7  from pinpong.board import SR04_URM10
8  from pinpong.board import Board, Pin
9  from pinpong.board import Servo
10
11 Board().begin()
12 servo1 = Servo(Pin((Pin.P23)))
13 sonar1 = SR04_URM10(Pin((Pin.P19)), Pin((Pin.P20)))
14 engine = pyttsx3.init()
15
16 servo1.write_angle(90)
```

主程序加入舵机控制程序：

```python
while True;
    suecess, image = cap.read()
    if success:
        success, image = cap.read()
        image = cv2.rotate(image, cv2.ROTATE.90_COUNTERCLOCKWISE)
        servo1.write_angle(90)
        if (sonar1.distance.cm()<=10):
            idx = onnx_ cls(image)
            print('result:' + tag[idx])
            if tag[idx] == '0faya':
                engine.say("土豆没有发芽，可以食用！")
                engine .runAndWait()
                servo1.write.angle(0)
            elif tag[idx] == 'faya':
                engine.say("发芽土豆有毒，不可食用：")
                engine .runAndWait()
                servo1 .write_angle(180)
            cv2.putText(image, tag[idx], (0, 40), cv2.FONT_HERSHEY_TRIPLEX, 1, (150, 0, 180), 1)
            CV2.imshow(' camera' ,image)
        if cv2.waitKey(5) & 0xFF == 27:
            break
cap.release()
cv2.destroyAllWindows()
```

学生讨论还可以如何设计多模态交互，将小组讨论的想法记录下来。

学习活动 七　AI发芽土豆分拣机项目展示与评价

结合前面讲到的一些基本知识，学生展示自己的AI发芽土豆分拣机。AI发芽土豆分拣机应具备以下主要功能。

① 图像识别：使用摄像头捕捉土豆图像，并通过训练好的模型判断土豆是否发芽。

② 多模态交互：结合图像、文字和语音输出，提供用户友好的交互体验。

③ 自动分拣：利用舵机控制系统，根据识别结果自动对土豆进行分拣。

根据学生的表现，完成项目展示评价表，如表2-9-3所示。

表2-9-3　项目展示评价表

功能实现	描述	评价标准（1～10分）	评价分数	备注
图像识别	使用摄像头捕捉土豆图像，并通过模型判断是否发芽	1—效果差，10—效果优秀		
多模态交互	结合图像、文字和语音输出，提供用户友好的交互体验	1—交互差，10—交互优秀		
自动分拣	根据识别结果自动对土豆进行分拣	1—分拣效果差，10—分拣效果优秀		
功能创新	项目中展现的创新性功能，如独特的识别算法、交互方式等	1—无创新，10—高度创新		

展示与反思

学生思考并回答如下问题。

① 在项目制作过程中，你遇到了哪些问题（如：数据集质量不一、模型训练效率低下、复杂背景下的图像识别准确率有待提高等问题）？你是如何解决的？通过问题的解决你获取了哪些经验？

② 你认为你的作品还有哪些功能不够完善？写出你的改进方案。

③ 你的作品中使用了哪些核心技术，你掌握的这些新技术还可以应用到哪些领域来解决新的问题？

实例十

口罩检测项目的设计与制作

戴口罩可以有效地将外界人体唾沫、气流等进行第一屏障的隔离，保护自己和他人，不给病毒以传播的机会。

在这个例子中，我们结合机器学习的技术，搭建一套人工智能口罩检测的系统。

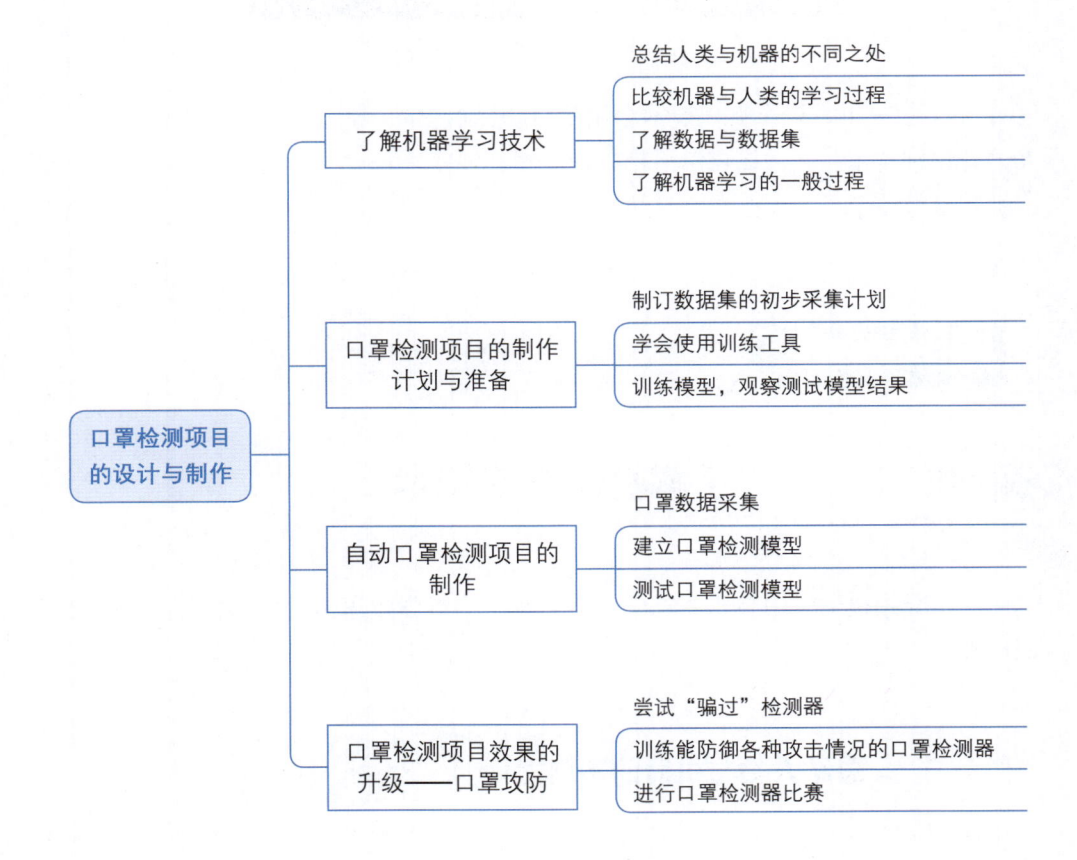

思维导图

- 口罩检测项目的设计与制作
  - 了解机器学习技术
    - 总结人类与机器的不同之处
    - 比较机器与人类的学习过程
    - 了解数据与数据集
    - 了解机器学习的一般过程
  - 口罩检测项目的制作计划与准备
    - 制订数据集的初步采集计划
    - 学会使用训练工具
    - 训练模型，观察测试模型结果
  - 自动口罩检测项目的制作
    - 口罩数据采集
    - 建立口罩检测模型
    - 测试口罩检测模型
  - 口罩检测项目效果的升级——口罩攻防
    - 尝试"骗过"检测器
    - 训练能防御各种攻击情况的口罩检测器
    - 进行口罩检测器比赛

发现与思考

① 学生联系生活说说通过肉眼是如何辨别他人是否佩戴口罩的。

② 请对图2-10-1进行标识，在正确佩戴口罩的图片旁打钩，在未佩戴口罩的图片旁打叉，并尝试总结满足佩戴口罩的条件。

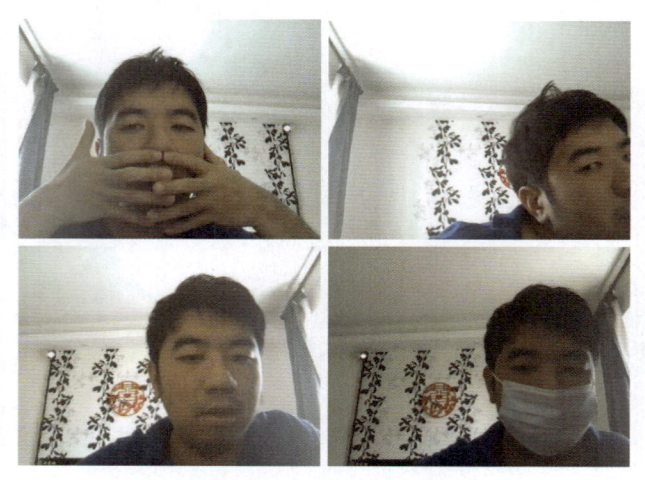

图2-10-1　口罩佩戴情况图片

③ 学生猜想一下，以下哪项技术会用于自动口罩检测项目的设计与制作？（　　）
A.语音识别技术　　　　B.自然语言处理
C.机器学习技术　　　　D.专家系统

任务与实践

学习活动 一 了解机器学习技术

本活动中介绍机器学习技术，在学习的过程中引导学生思考如何将机器学习技术运用于口罩识别。

任务一　总结人类与机器的不同之处

学生比较人类和机器的区别，尝试填写人类与机器进行"思考""感知""操作""学习"等活动时使用的器官/设备（表2-10-1）。

表2-10-1　人类与机器的对比

方面	人类	机器
思考		
感知		
操作		
学习		

任务二　比较机器与人类的学习过程

人类的学习过程大致为：最初遇到新事物，人类总是需要反复地去接触与认识事物进而获取经验，找到事物的特征，总结其中蕴含的规律，之后再见到新的同类事物，人类就能清楚地推导出它是什么，如图2-10-2所示。

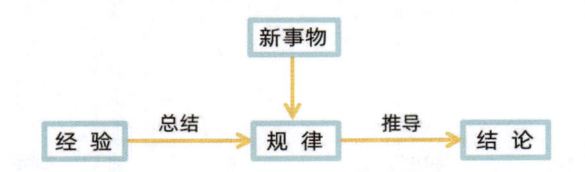

图2-10-2　人类学习过程示意图

引导学生了解机器的学习过程，尝试比较机器学习与人类学习的相同与不同之处，将答案填在表2-10-2中。

表2-10-2　人类与机器的学习过程对比

项目	人类学习过程与机器学习过程
相同之处	
不同之处	

参考答案：相同之处是都需要学习很多例子才能学会，都有"练习""测试"的过程。不同之处是人类可以通过生活的各个方面，无论是书本、体验还是教师的教导都可以进行学习；而机器是从数据中学习的，机器学习速度很快。

任务三　了解数据与数据集

数据（data）是事实或观察的结果，是对客观事物的逻辑归纳，是用于表示客观事物的未经加工的原始素材。数据可以是连续的值，比如声音、图像，称为模拟数据；也可以是离散的，如符号、文字，称为数字数据。

数据集：集中在一起的数据集合。

训练集：机器用来学习的数据集。

测试集：机器用来测试的数据集。

学生请思考，在机器学习识别男女的例子中，哪个是"训练集"（　　），哪个是"测试集"（　　）？

A.导入的两个图片文件夹，一个文件夹名是"female"（女性），一个文件夹名是"male"（男性）。

B.摄像头实时检测时从视频中截取的图片。

答案：A、B。

在识别男女的机器学习工具中，female和male不仅是训练集的文件名，也起着标注类别的作用，并且测试时会根据测试结果在人脸旁标注"female"或是"male"。

给数据集命名的技巧：

① 为了简单易懂，在给数据集命名时会采用与该数据集内容相关的简单单词作为标注类别（数据集名）；

② 由于程序编写的原因，命名时通常使用英文，如图2-10-3所示。

(with glass)
(a) 戴眼镜数据集

(without glass)
(b) 不戴眼镜数据集

图2-10-3　数据集命名

引导学生尝试为图2-10-4分类设置合理的标注类别（数据集名）。

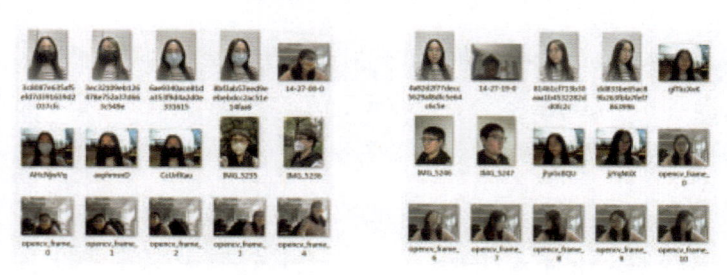

图2-10-4　数据集标注

任务四　了解机器学习的一般过程

机器学习的一般过程包括以下几个方面。

① 准备数据集：机器是从数据中学习的，在进行学习之前，需要准备大量的数据。

② 训练模型：机器有了大量数据之后，需要经历使用算法进行"训练模型"的过程。其中，算法是一系列解决问题的清晰指令。

③ 测试模型：训练出的模型具备了一定的预测能力，可以预测测试集并给出结果。

机器学习的一般过程可以总结如下（图2-10-5）。

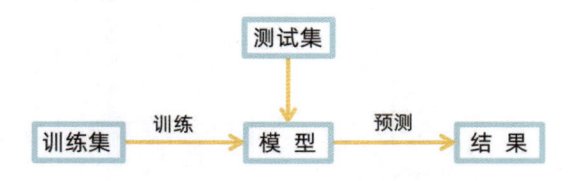

图2-10-5　机器学习过程示意图

学习活动 二　口罩检测项目的制作计划与准备

任务一　制订数据集的初步采集计划

训练集的命名：with mask/without mask。

训练集的采集计划：填写表2-10-3。

表2-10-3　训练集的采集计划

训练集	采集要求	采集渠道	采集数量	采集类型
with mask	① 画面清晰 ② 人像居中 ③ _____	① 自行拍摄 ② 网络下载 ③ _____		
without mask				

硬件准备：

测试集采用摄像头截取图片实时检测，提前连接好摄像头。

任务二　学会使用训练工具

在此任务中，使用工具进行机器学习的训练，流程如图2-10-6所示。

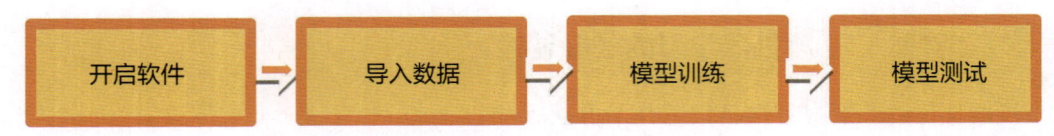

图2-10-6 机器学习过程流程图

① 双击打开mixly软件，进入界面，如图2-10-7所示。

图2-10-7 mixly软件界面

② 导入程序，点击运行，如图2-10-8所示。

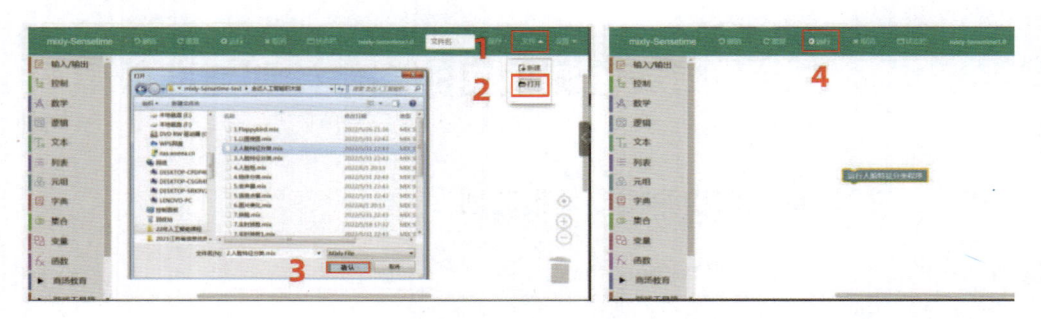

图2-10-8 导入与运行界面

③ 在弹出的工具窗口中，点击"进入模型训练"，打开模型训练窗口，如图2-10-9所示。

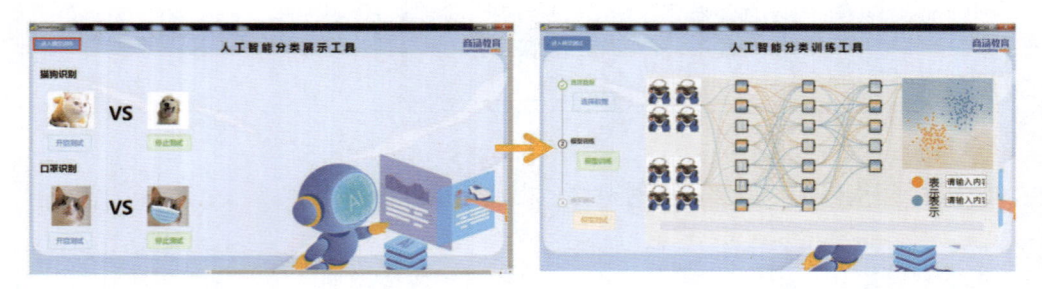

图2-10-9 模型训练界面

④ 如图2-10-10所示，点击"选择数据"，弹出文件夹路径窗口。

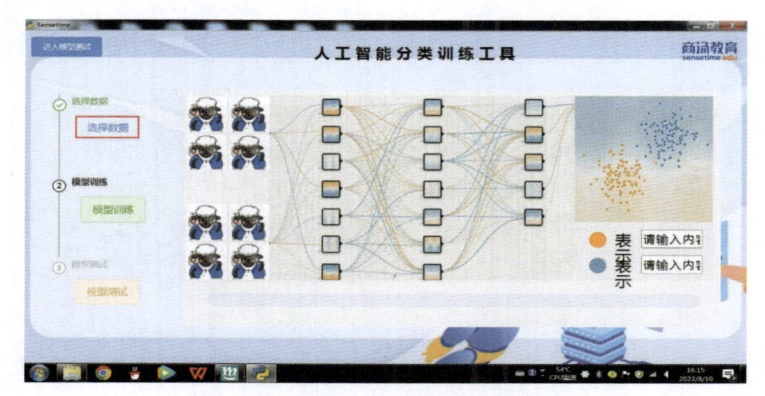

图2-10-10　"选择数据"按键

⑤ 打开数据集1文件夹，选中地址栏，复制文件夹路径，粘贴到文件夹路径窗口的"训练数据集1"中，如图2-10-11、图2-10-12所示。数据集2也执行相应操作。

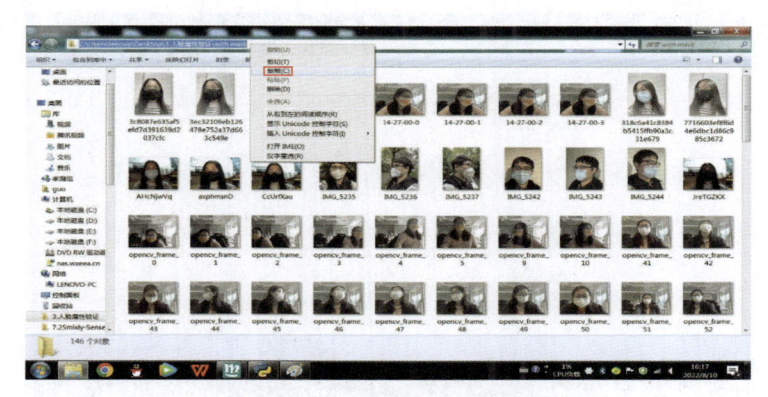

图2-10-11　数据集文件夹路径

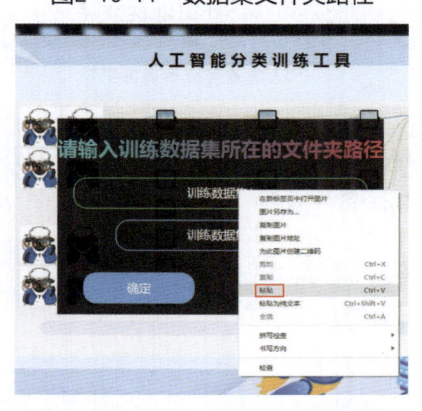

图2-10-12　输入数据集文件夹路径

⑥ 2个数据集的路径都粘贴好后，点击确定，返回训练窗口，如图2-10-13所示。

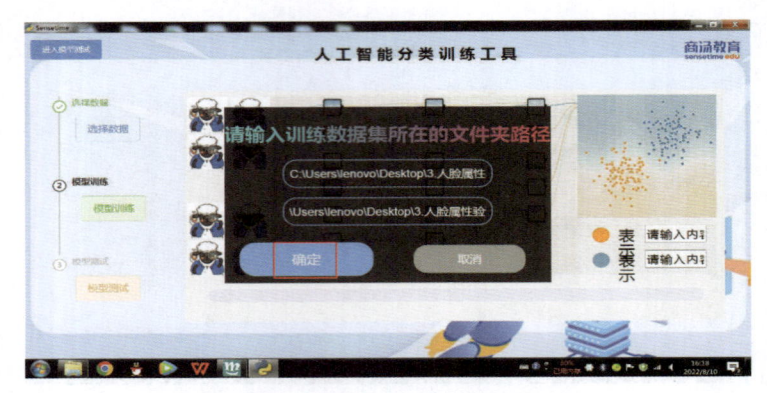

图2-10-13　确定导入数据集

⑦ 点击模型训练按钮，当出现"模型训练已完成"表示这一过程结束，机器成功学习了人脸属性中的数据，如图2-10-14、图2-10-15所示。

图2-10-14　开始模型训练

图2-10-15　完成模型训练

⑧ 点击"模型测试",工具会实时对摄像头获取的画面进行识别,并打上标签,如图2-10-16、图2-10-17所示。

图2-10-16　开始模型测试

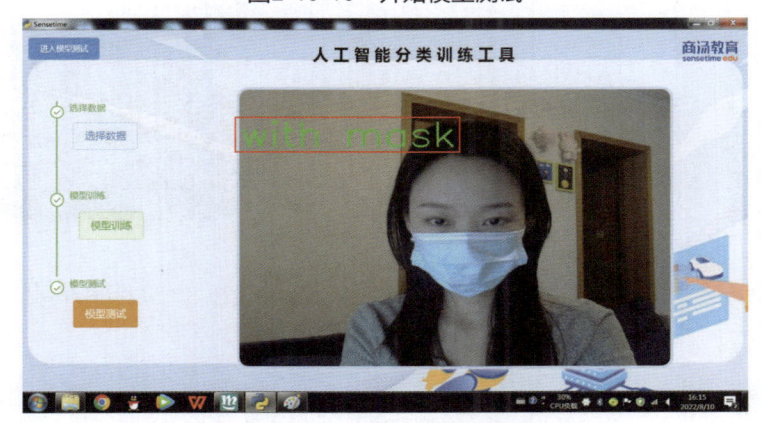

图2-10-17　模型预测结果

任务三　训练模型,观察测试模型结果

① 尝试利用已有的资源包中的"female""male"两个数据集,使用训练工具进行男女识别器的导入数据、训练模型、测试模型过程。

② 连接摄像头,学生邀请周围不同性别的同学来到摄像头前进行模型测试,观察测试结果,思考如下问题:

a.可能与测试结果相关的因素是什么?

b.为保证测试效果,在口罩佩戴识别器的制作中应当注意什么?

学习活动 三　自动口罩检测项目的制作

任务一　口罩数据采集

新建两个文件夹作为训练集，并设置合理的文件名进行区分，如"with mask"和"without mask"。

① 自行拍摄

a.手机/相机拍摄，使用数据线/社交软件/蓝牙传输到电脑上，并存储于对应文件夹中。

b.电脑连接摄像头，用"相机"应用程序拍照（以win10系统为例），并存储于对应文件夹中。

注：图2-10-18中的口罩都可以用于采集。

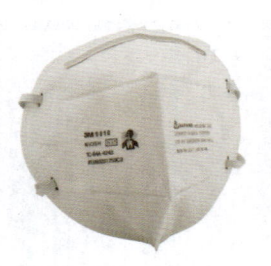

(a) 医用口罩　　　　(b) N95口罩　　　　(c) 带有花纹的口罩

图2-10-18　口罩

② 网络下载

a. 开源数据集网站下载。

b. 在搜索网站上利用关键词进行搜索，如"戴口罩""未戴口罩""检查口罩""口罩佩戴"等。

任务二　建立口罩检测模型

利用活动二中的工具进行口罩模型的建立，并记录建立模型的时长，猜想建立模型的时长与什么有关。

任务三　测试口罩检测模型

利用活动二中的工具进行口罩模型的测试，并记录模型测试的结果正确与否，猜想模型测试出现失败情况的原因。

学习活动 四　口罩检测项目效果的升级——口罩攻防

任务一　尝试"骗过"检测器

开启一个已经训练好的口罩检测器，学生讨论：如果没有佩戴口罩，有没有办法"骗过"检测器？

学生亲身尝试"骗过"口罩检测器，看看有哪些方法可以稳定"骗过"口罩检测器。

可以设计一个攻击方案，记录在表2-10-4中，并对攻击效果进行验证。

表2-10-4　口罩检测器的攻击方案

序号	方案描述	方案效果
1	把脸转向各个方向	
2		
3		
4		
5		
6		

为什么口罩检测器会被"骗过"？是人工智能的学习能力不够强，还是数据出现了问题？

理论解释：表面上看起来，口罩的检测是个较为简单的任务。因为人脸检测的技术已经趋于成熟，只要对人脸部分的图像进行二分类，就可以实现口罩佩戴的检测。然而，当人们利用手或者衣物的遮挡，"模拟"出近似佩戴口罩的表象，如果是人类进行检测，这样的图片往往不会被定义为戴口罩，但是机器学习算法是利用开发者提供的数据进行学习，如果训练数据中，没有考虑特定的类型的攻击样本，就有可能形成误检。

为了解决这个问题，可以从两个方面进行改进。

① 扩充训练集，使得训练集能够覆盖更多的攻击样本，或者搭建更有效的系统来对攻击样本进行采集。

② 寻找泛化能力更强的算法。

任务二　训练能防御各种攻击情况的口罩检测器

学生在之前的基础上，分组补充训练集，并思考如果想训练一个能防御各种攻击情况的口罩检测器，需要增加什么样的数据。

理论提示：在数据采集过程中，要吸取之前的经验，考虑使用场景、使用人员的特殊之处。假设检测的环境是某公共场所的入口，人们通常在行走，所以侧脸、抬头、低头的情况都可能会出现，而且有人忘戴口罩的情况下，还会出现用手、袖子遮挡脸部的情况，所以需要考虑不同角度、不同人员、不同光线、不同口罩、不同环境、各种遮挡的情况。因此，需要扩充数据集。

采集人采集戴口罩的数据时需正确戴口罩，同时盖住鼻子、嘴巴、下巴。数据需有面向不同角度、处于不同光亮环境和不同口罩的不同的照片，各照片内容特性见表2-10-5。

采集人在采集不戴口罩的数据时需有不同角度、处于不同光亮环境和有无遮挡等区分的不同照片。

环境包括明亮/昏暗的室内或室外；角度指图片中人脸的方向，包括正向、朝左、朝右等。

表2-10-5　不同情况的数据示例

项目	数据示例
不同角度	
不同人员	
不同光线	

续表

项目	数据示例
不同口罩	
不同环境	
不同遮挡	

  教师在已有数据集的基础上,向每组收集10张(5张戴口罩,5张不戴口罩)的测试图片,形成一个大的测试集。

  理论解释:为什么这里希望向学生收集测试集?因为教师构造的数据集往往不够全面,很有可能学生会采集到一些特殊的数据,会给其他组设置障碍。这里提交有效的测试数据也展现了学生的思考,教师可以鼓励学生拍摄出自己组模型能覆盖到,但是其他组难以识别的数据。

任务三　进行口罩检测器比赛

  各组提交自己训练的模型给教师,教师使用任务二中构造的数据集进行测试,并对每组的成绩进行排序。

如何从mixly文件夹中找到模型文件呢？目前可以按照图2-10-19的方式查找。

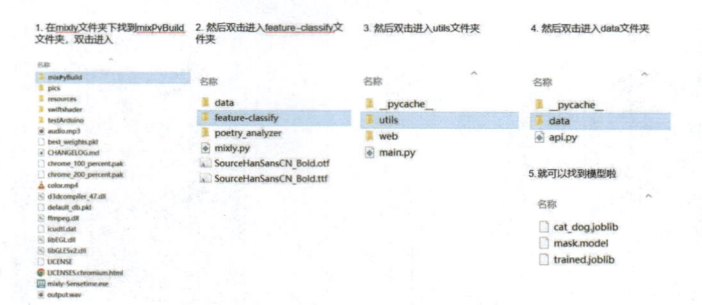

图2-10-19　模型文件查找流程

之后进行优化，存储一份拷贝的模型回到正样例的目录，学生就可以在口罩目录里找到这个模型，并交给教师。

测试工具截图。

① 载入正负样例后显示随机数据，如图2-10-20所示。

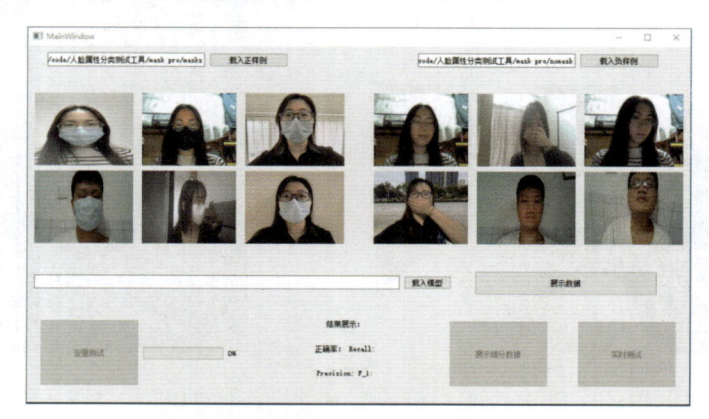

图2-10-20　载入正负样例图

② 载入模型后进行定量测试，如图2-10-21所示。

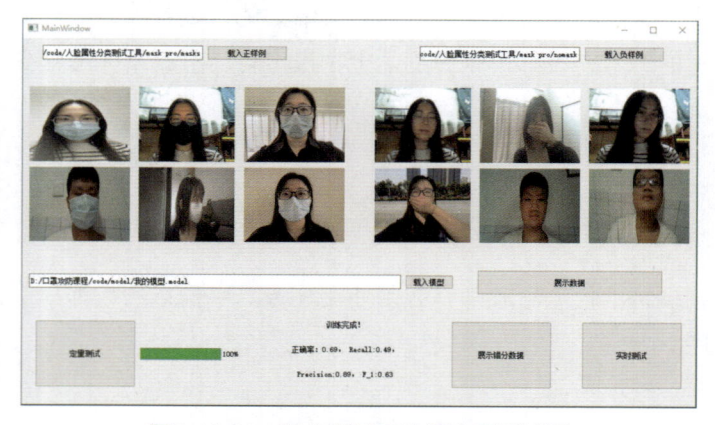

图2-10-21　载入模型后进行定量测试图

③ 显示错分数据，如图2-10-22所示。

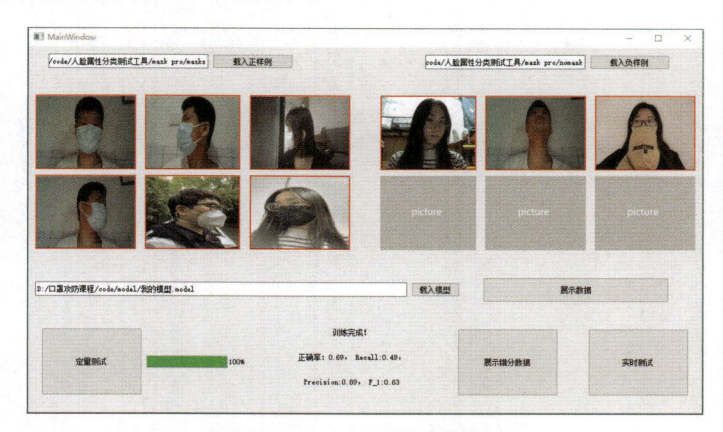

图2-10-22　显示错分数据图

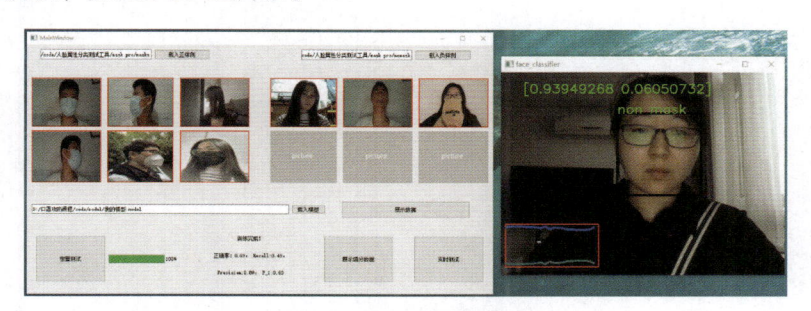

④ 实时测试，如图2-10-23所示。

图2-10-23　实时测试图

展示与反思

学生思考并回答如下问题。

① 你在口罩检测器比赛中成绩如何？有哪些攻击的例子没有防御住？你的模型相比其他队伍有什么优势吗？

② 你的作品中使用了哪些核心技术，这些技术还可以应用到哪些领域来解决新的问题？

③ 你认为你的作品还有哪些功能不够完善？请写出你的改进方案。

第三篇

人工智能项目实践

项目实践一
使用摄像头进行人脸识别并标记

项目背景

图像识别是人工智能领域中一项典型的技术,在军事、医疗、教育等不同行业都有非常普遍的应用。人脸识别又是图像识别的一种具体体现,刷脸支付、刷脸签到、刷脸乘车等技术便是我们日常生活中关于人脸识别的应用。智能系统是如何识别出人脸的?又如何能够将识别到的人脸标记出来呢?本项目将带领学生体验人脸识别技术的奥秘。

发现与思考

(1)人脸识别

人脸识别是一种基于人的面部特征信息进行身份识别的生物特征识别技术。引导学生在表3-1-1中列举出人脸识别的具体应用。

表3-1-1 人脸识别应用填写表

应用领域	应用场景

图3-1-1为人脸识别中用到的关键点,通过点的位置以及点与点之间的距离,可以进行人脸的判定。

(2)机器学习

机器学习是近年来人工智能领域中快速发展的技术之一,得益于数据量、算力和算法的提升,机器学习有了更加广泛的用武

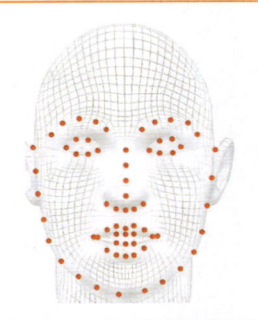

图3-1-1 人脸识别关键点

之地。学生查阅资料后回答，使用卷积神经网络进行人脸识别要经历哪些环节？

_____
_____
_____

任务与实践

学习活动 一 导入项目所需的库

OpenCV是Python中常用的一个视觉相关的库，如图3-1-2所示。由于此项目是人脸识别，必然需要用到这个库，所以首先要导入。完成后，需要确认是否正常。

图3-1-2　OpenCV库

需要时，手动执行：pip install opencv-python-headless如图3-1-3所示。

```python
import cv2
print(f"OpenCV版本：{cv2.__version__}")
```

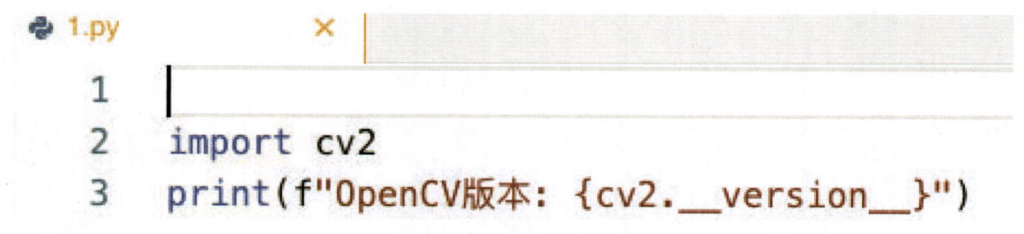

图3-1-3　手动执行界面

运行结果：

```
>>>OpenCV版本：4.6.0
>>>OpenCV版本：4.6.0
>>>OpenCV版本：4.6.0
>>>-
```

学习活动 二 加载本地图片

我们可以把视频理解成一张一张的图片，在处理视频之前，先要能够显示出图片。接下来实践如何加载本地图片。

运行效果：系统弹出一个新的对话框，显示两张图片，如图3-1-4所示。

```
1  import cv2
2  image=cv2.imread('/Users/gaokai/ Documents/屏幕快照2022-05-06下午4.08.33.png')
3  cv2.imshow('Original Image', image)
4  gray_image=cv2.cvtColor(image, cv2.COLOR_BGR2GRAY)
5  cv2.imshow('Gray Image', gray_image)
6  cv2.waitKey(0)
7  cv2.destroyAllWindows()
```

图3-1-4 原图和灰度图像的对比

学习活动 三 探索人脸检测模型

为了更好地实现人脸检测（识别）的效果，我们需要使用一个预训练的模型。所谓预训练，就是前期已经针对人脸检测进行过针对性的训练。人们可以采用机器学习的方式训练模型，这样让用户在使用时有更精准的检测效果。

```
1  import cv2
2  face_detector=cv2.CascadeClassifier(cv2.data.haarcascades
   +'haarcascade_frontalface_default.xml')
3  if face_detector.empty():
4      print("无法加载人脸检测模型")
5  else:
6      print("人脸检测模型加载成功")
```

运行效果：

```
>>>人脸检测模型加载成功
>>>
```

学习活动 四 检测并标记人脸的图片

在这个活动中将会检测一下预训练的模型是否能够将图片中的人脸标记出来。学生先根据以往学习过的知识理解一下下面的程序。

```
1  import cv2
2  def find_faces(frame):
3      gray_frame=cv2.cvtColor(frame, cv2.COLOR_BGR2GRAY)
4      faces=face_detector.detectMultiScale(gray_frame,
       scaleFactor=1.3, minNeighbors=5)
5      for(x, y, w, h)in faces:
6          cv2.rectangle(frame.(x, y), (x+w, y+h), (255, 0, 0), 2)
7
8      return frame
9  image=cv2.imread('/Users/gaokai/Documents/python学案/
   WechatIMG2185.jpg')
10 result_image=find_faces(image)
```

```
11  cv2.imshow('Face Detection', result_image)
12  cv2.waitKey(0)
13  cv2.destroyAllWindows()
```

学生阅读后写出程序能够实现的功能：

_____

_____

_____

提示：faces = face_detector.detectMultiScale(gray_frame, scaleFactor=1.3, minNeighbors=5) 这句代码使用了OpenCV的一个人脸识别的分类器，将图片中的人脸识别出来。引导学生尝试修改一下代码中的参数，看看有什么变化，更好地理解参数的意义。

如果直接运行上面的代码会报错，可以通过错误提示或者跟大语言模型交流后获得改正的方法。

正确的运行效果：在图片中的人脸四周会增加一个蓝色的方框，将人脸框选出来。

学习活动 五 实现完整的摄像头视频人脸检测

前面的活动中，已经将利用摄像头进行人脸识别（检测）的大部分代码给学生进行了介绍，下面就请学生将前面的代码进行整合，完成一个完整的程序。学生可以参考下面的代码。

```
1  import cv2
2  camera=cv2.VideoCapture(0)
3  while True:
4      ret, frame = camera.read()
5      if not ret:
6          print("无法获取摄像头画面")
7          break
8      frame_with_faces = find_faces(frame)
```

```
9       cv2.imshow('人脸识别', frame_with_faces)
10      if cv2.waitKey(1)&0xFF == ord('q'):
11          break
12  camera.release()
13  cv2.destroyAllWindows()
```

完成程序以后，观察一下运行效果是否可以将人脸在画面中框选出来。学生继续思考，人脸识别还有哪些创新的应用。

项目实践二
中文分词技术在词云图生成中的应用

项目背景

中文分词技术作为自然语言处理领域中的一个重要组成部分，它通过特定的算法和技术将连续的文本切分成一个个独立的、有意义的词汇单元，为后续的语言分析和处理提供基础。词云图是一种直观展示文本中关键词及其重要程度的可视化方式，常用于语义分析、情感分析、文本分析等。例如，在某购物系统中，商家为提高效率通常会设置智能机器人作为及时回复的智能助手，在对话过程中，分词技术通过快速提取用户发送内容中的关键词，从而进行情感分析和趋势预测，随后根据分析和预测的结果，给出回答。本项目我们就来一起探究中文分词技术如何应用于词云图的生成。

发现与思考

（1）中文分词

中文分词是将连续的汉字序列切分成若干个有意义的词语序列的过程。由于中文文本中词与词之间没有明显的分隔符，因此需要借助一定的算法和规则来实现分词。常见的中文分词方法包括基于字符串的分词、基于统计的分词和基于理解的分词等。常用的中文分词工具有：jieba：一个流行的Python中文分词库，支持基于字符串的分词、词性标注等功能；THULAC：清华大学开发的一款高效中文分词工具；HanLP：自然语言处理工具包，支持多种语言，包含了中文分词、词性标注、命名实体识别等功能。

学生查找资料，了解常见的中文分词方法及常用的中文分词工具：

_____
_____
_____
_____

（2）词云图

词云图是一种将文本中出现频率较高的词汇以不同大小、颜色和字体突出显示的可视化图形。它能够直观地反映出文本中关键词的重要程度，帮助人们快速把握文本的核心主题和情感倾向。学生查阅资料后回答，词云图的生成通常包含哪些步骤。

_____
_____
_____
_____

任务与实践

学习活动 一 导入项目所需的库

在Python中，有多个库可以用于中文分词和词云图生成，如jieba用于中文分词，wordcloud用于生成词云图，matplotlib用于显示词云图等。若这些库未安装，可以使用下面命令进行安装操作：

```
pip install jieba wordcloud matplotlib
```

导入库的代码如下：

```python
import jieba
from wordcloud import WordCloud
import matplotlib.pyplot as plt
```

本部分运行后无明显输出。在此在代码中定义一段文本对jieba库进行测试。

```python
#定义文本
text = "这是一个关于中文分词技术在词云图生成中应用的示例。"

#使用jieba进行分词
words = jieba.cut(text)

#将分词结果转换为列表
word_list = list(words)

#打印分词结果，以"/"分隔
print("/".join(word_list))
```

运行效果如图3-2-1所示。

这是/一个/关于/中文/分词/技术/在/词/云图/生成/中/应用/的/示例/。

图3-2-1　运行效果1

学习活动 二　加载文本数据

前面在代码中定义了一段文本，除了这种方法，还可以通过在本地文件中读取文本内容实现测试。此处建立一个文本文件，名为text.txt，内容为"这是一段文本测试。"（图

3-2-2），其对应代码如下。

```
with open('text.txt', 'r', encoding = 'utf-8')as file:
    text = file.read()
```

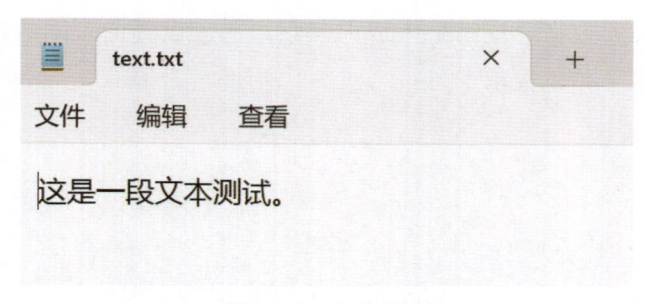

图3-2-2　文本内容

运行效果如图3-2-3所示。

图3-2-3　运行效果2

学习活动 三　使用中文分词技术对文本进行分词

利用jieba库对加载的文本进行分词处理，将连续的文本切分成一个个独立的词汇。分词结果将作为后续生成词云图的输入。

```
words = jieba.cut(text)
words_list = ' '.join(words)  # 将分词结果转换为以空格分隔的字符串，便于生成词云图
```

运行效果如图3-2-4所示。

图3-2-4　运行效果3

学习活动 四 生成词云图

使用wordcloud库根据分词结果生成词云图。通过设置词云图的参数，如字体、颜色、形状等，以满足不同的需求。

```
#设置词云图参数
wordcloud = WordCloud(
    font_path='simhei.ttf',  #设置字体路径，确保支持中文显示
    background_color='white', #设置词云图背景颜色
    width=800, #设置词云图宽度
    height=600, #设置词云图高度
    max_words=100, #设置最多显示的词汇数量
    max_font_size=100, #设置最大字体大小
min _font_size=20, #设置最小字体大小
    random_state=42 #设置随机状态，以保证每次生成的词云图一致 )
#根据分词结果生成词云图
wordcloud.generate(words_list)
#使用 matplotlib 显示词云图
plt.figure(figsize=(10, 8))
plt.imshow(wordcloud,interpolation='bilinear')
plt.axis('off')  #关闭坐标轴
plt.show( )
```

运行效果如图3-2-5所示。

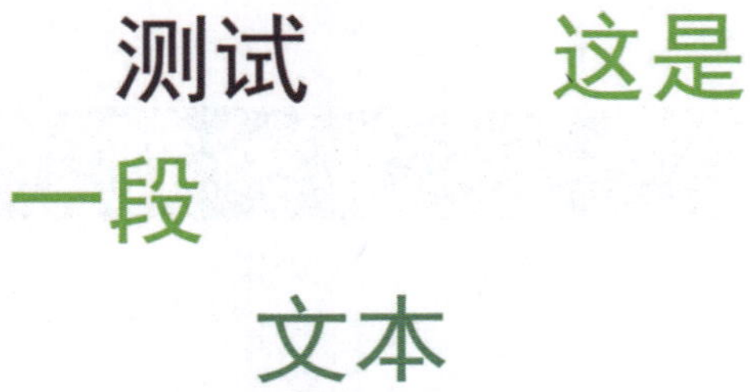

图3-2-5 运行效果4

学生在运行上述代码后，根据自己的想法对词云图的一些参数进行调整（可以考虑增加一个图形背景），并将调整记录下来。

_____

_____

_____

学习活动 五　优化词云图生成效果

为了进一步优化词云图的生成效果，可以对文本进行更细致的预处理，如去除停用词、标点符号等。同时也可以尝试调整词云图的参数，如字体、颜色、形状等，以获得更美观、更具个性化的词云图。

停用词是指在文本中频繁出现但对文本主题和情感倾向影响较小的词汇，如"的""是""在"等。去除停用词可以减少一些无用信息，突出显示更有意义的关键词，可以采用现有的停用词表，也可以根据需要自定义停用词。

```python
#加载停用词表
with open('stopwords.txt','r', encoding='utf-8') as file:
    stopwords = set(file.read() .splitlines())
#去除停用词
filtered_words = [word for word in words if word not in stopwords]
filtered_words_list = ' '. join(filtered_words)
```

学生自行创建一个文档，参考上述代码去除停用词。在完成程序后，思考中文分词技术还可以应用到哪些自然语言处理任务中。

项目实践三
使用目标追踪计算单摆实验周期

项目背景

在物理学、化学、生物学、医学等多个学科的实验中,需要通过观测和分析实验现象,整理实验数据,总结实验规律。然而,传统的实验方法依赖于人工计时和测量,存在主观误差和效率低下的问题。计算机视觉和人工智能技术的快速发展,为实验的分析提供了新的途径,极大提升了实验的精度和效率。

本项目旨在利用目标追踪技术对单摆实验视频进行分析,同时将实验结果可视化为图表,克服传统方法的局限性,并为学生提供一个将理论知识与现代科技相结合的学习机会。

发现与思考

(1)物理知识回顾

① 单摆的定义和理想化模型:单摆是指一个质量集中在一点的质点,用一根质量可忽略不计、不可伸长的细线悬挂在一个固定点上,在重力作用下做周期性摆动的系统。理想化模型忽略空气阻力和细线的质量。

② 单摆的周期公式:当摆角很小(小于10°)时,单摆的运动可以近似为简谐运动,其周期T的公式为:$T=2\pi\sqrt{\dfrac{L}{g}}$,其中$L$是摆长,$g$是重力加速度。

注意:当摆角较大时,单摆的运动不再是简谐运动。

③ 误差分析:实验中会存在各种误差,例如:测量摆长和时间的误差、空气阻力的影响、摆球质量分布不均匀的影响等。对误差进行分析和评估是实验的重要组成部分。实验数据中需要记录摆长、周期,并通过作图法分析误差原因。

引导学生总结本实验中需要测量的物理量,并绘制数据记录表格。

(2)目标追踪

可以将一个视频流拆解为多个帧,当初始帧或者某一帧中出现了一个感兴趣目标,可以在后续帧中对这个目标进行追踪。这种在视频序列中持续定位特定目标,核心解决目标持续识别与运动建模的技术称为目标追踪技术。

学生思考,目标追踪的性能会受到哪些因素影响。

目标追踪的方法按照模型划分可以分为两类:生成式模型和鉴别式模型目标追踪。

生成式模型目标追踪首先建立目标模型,或者提取出目标的特征,在后续帧中,对相似特征进行搜索。鉴别式模型目标追踪同时观测目标模型和背景信息,通过对比目标模型和背景信息的差异提取目标模型,并进行定位。随着计算机技术和通信技术领域的发展,机器学习算法和滤波算法被尝试用来训练分类器。

任务与实践

学习活动 一 导入项目所需的库,加载单摆视频

目标追踪的分析对象是视频流,因此需要导入OpenCV对应的库cv2以及后续绘图库matplotlib和数据处理的库numpy,并把视频读入,获取视频流基属性。注意,当所有视频信息获取完毕后,应当使用cap.release()释放视频资源。

```
1 # In[0] 导入库
2 import cv2
3 import matplotlib.pyplot as plt
4 import numpy as np
```

```
5  # In[1]活动一
6  #读取视频
7  video_path = " testvideo.mp4"
8  cap = cv2.VideoCapture(video_path)
9  #基础属性
10 width = int(cap.get(cv2.CAP_PROP_FRAME_WIDTH)) #视频帧宽度(像素)
11 height = int(cap.get(cv2.CAP_PROP_FRAME_HEIGHT)) #视频帧高度(像素)
12 fps= cap.get(cv2.CAP_PROP_FPS) #帧率(帧/秒)
13 frame_count = int(cap.get(cv2.CAP_PROP_FRAME_COUNT)) #总帧数
14 print('分辨率', (width, height))
15 print('总帧数', frame_count)
16 print('帧率(FPS)', fps)
```

运行结果示例：

分辨率（884，1816）

总帧数 293

帧率（FPS）30.0

OpenCV中，坐标系的原点位于图片的左上角，但是其 x 轴为水平向右，y 轴为竖直向下，如图3-3-1所示。学生写出分辨率为（884，1816）时，图片四个角的坐标。

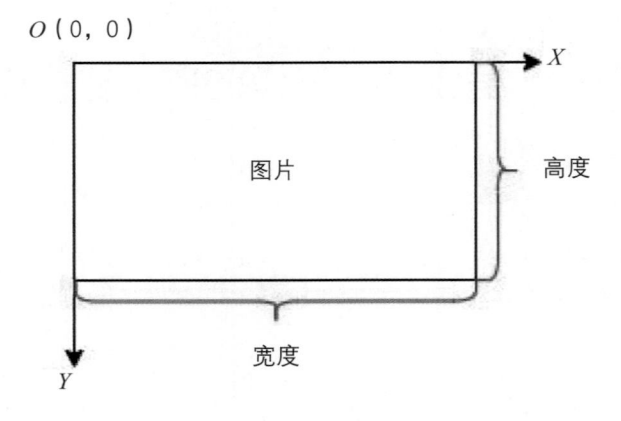

图3-3-1　OpenCV坐标系

学习活动 二 初始化目标

在第一帧中，要选择追踪目标，使用选择框将待追踪物体所在的区域框出。本活动中，先从视频流里读取第一帧，然后再使用cv2.selectROI()框选目标区域，该函数的返回结果为一个元组，依次包括圈出区域的左上角*x*坐标、左上角*y*坐标、宽度、高度。

```python
18 #In[2] 活动二
19 #读取第一帧
20 ret, frame = cap.read()
21 if not ret:
22     print('无法读取视频')
23     exit()
24 #调整弹出窗口的大小
25 cv2.namedWindow('select', cv2.WINDOW_NORMAL)
26 #选择目标区域，完成区域选择后按回车或空格确认
27 bbox = cv2.selectROI('select', frame, False)
28 print('圈出区域(左上角x坐标，左上角y坐标，宽度，高度): ', bbox)
29 cv2.destroyAllWindows() #关闭所有窗口
```

在弹出的窗口中绘制方框，框出待追踪物体，保证追踪物体的重心近似在方框中心点，如图3-3-2所示，按下回车或空格进行确认，然后关闭窗口。

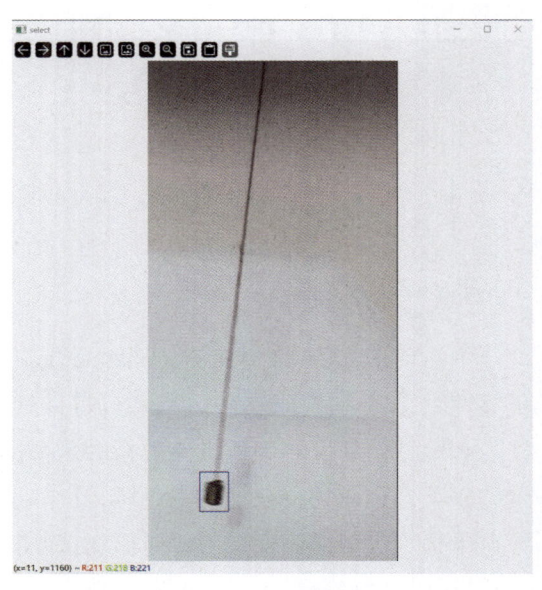

图3-3-2　框选界面

运行结果示例：

圈出区域（左上角x坐标，左上角y坐标，宽度，高度）：(192，1499，81，149)

学习活动 三 逐帧追踪

首先创建追踪器，通过调用cv2.TrackerXXX_create()的方式创建（XXX为具体追踪器算法），OpenCV中自带的几种追踪器对比结果如表3-3-1所示。

表3-3-1 追踪器对比

算法名称	速度	抗遮挡性	尺度适应	旋转适应	适用场景
BOOSTING	⚡[1]	⚠[2]	✗[3]	✗	简单场景（传统机器学习方法）
MIL	⚡	☑[4]	✗	✗	轻度遮挡场景
KCF	⚡⚡	⚠	☑	⚠	实时性要求高的日常场景
TLD	⚡	☑	☑	☑	长期跟踪与丢失恢复
MedianFlow	⚡⚡	☑	☑	☑	可预测运动轨迹的物体
MOSSE	⚡⚡⚡	✗	✗	✗	超高速、低复杂度需求
CSRT	⚡	☑☑	☑	☑	高精度复杂背景
GOTURN	⚡⚡	⚠	☑	☑	GPU加速的深度学习场景

① "⚡"越多，速度越快。
② 警告。
③ 否。
④ ☑越多，该性能越好。

本活动选择CSRT追踪器（channel and spatial reliability tracker），全称为通道和空间可靠性跟踪器，属于鉴别式模型，该目标追踪算法的核心思想是双可靠性机制，即颜色专注力和区域信任度。颜色专注力指的是根据不同颜色通道（如红、绿、蓝）的重要性动态调整权重，用颜色特征记住主色调，比如追踪红气球时，它会重点分析红色通道，降低蓝绿色干扰。区域信任度指用方向梯度直方图（HOG, histogram of oriented gradient）特征记住目标的轮廓特征，把目标分为"核心区"和"边缘区"。它会重点信任目标中心区域，边缘变化大时会自动降低关注。此外，该算法还具备自适应缩放跟踪框大小和智能更新机制（只在确认跟踪可靠时更新记忆），同时，内部滤波器权重参数调整的过程属于机器学习中传统监督学习范畴。

创建追踪器后，调用tracker.init()初始化需要跟踪的目标，然后从视频流中连续读取各帧，对每一帧调用tracker.update()进行追踪器的更新，该函数返回值包括是否追踪成功，以及追踪位置信息。

对于追踪成功的帧，调用cv2.rectangle()函数绘制方框，内部参数依次为：图片、方框左上角坐标、方框右下角坐标、方框颜色（RGB表示）、线条宽度。对每一帧，调用cv2.imshow(frame)进行展示，调用cv2.waitKey(1)，对每一帧的画面展示持续1ms。每一帧遍历后，调用cv2.waitKey()，按下任意键停止展示，调用cv2.destroyAllWindows()，关闭所有窗口。

```python
31  #In[3]活动三
32  #创建并初始化追踪器
33  tracker = cv2.TrackerCSRT_create()
34  tracker.init(frame, bbox)
35  #调整弹出窗口的大小
36  cv2.namedWindow('track', cv2.WINDOW_NORMAL)
37  #连续读取视频各帧
38  while True:
39      ret, frame = cap.read( )
40      if not ret:
41          break
42      #更新追踪器
43      success, bbox = tracker . update(frame )
44      if success: #追踪成功
45          #计算中心点坐标
46          center_x = bbox[0] + bbox[2]/2
47          center_y = bbox[1] + bbox[3]/2
48          #获取当前时间
```

```
49        current_time = cap.get(cv2.CAP_PROP_POS_MSEC)
50        print(f"中心点坐标(x, y): {center_x}, {center_y}, 时间:
          {int(current_time)}(ms)")
51        #在追踪成功的帧中框出物体
52        p1 = (int(bbox[0]), int(bbox[1]))
53        p2 = (int(bbox[0] + bbox[2]), int(bbox[1] + bbox[3]))
54        cv2.rectangle(frame, p1, p2, (255, 0, 0), 2)
55    else: #追踪失败
56        print('追踪失败')
57    cv2.imshow('track', frame) #展示这一帧的图像
58    cv2.waitKey(1) #展示的持续时间为1ms
59 cv2.waitKey() #按任意键结束展示
60 cv2.destroyAllWindows() #关闭所有窗口
61 #所有操作结束后，释放视频
62 cap.release()
```

运行结果包括中心点坐标、时间，以及追踪结果展示（图3-3-3）：

```
中心点坐标(x,y): 253.0, 1576.0, 时间: 6533 (ms)
中心点坐标(x,y): 201.0, 1566.0, 时间: 6566 (ms)
中心点坐标(x,y): 190.0, 1563.0, 时间: 6600 (ms)
中心点坐标(x,y): 189.0, 1561.0, 时间: 6633 (ms)
中心点坐标(x,y): 198.0, 1561.0, 时间: 6666 (ms)
中心点坐标(x,y): 217.0, 1564.0, 时间: 6700 (ms)
中心点坐标(x,y): 246.0, 1567.0, 时间: 6733 (ms)
中心点坐标(x,y): 281.0, 1571.0, 时间: 6766 (ms)
中心点坐标(x,y): 322.0, 1575.0, 时间: 6800 (ms)
中心点坐标(x,y): 368.0, 1577.0, 时间: 6833 (ms)
中心点坐标(x,y): 417.0, 1581.0, 时间: 6866 (ms)
中心点坐标(x,y): 465.0, 1582.0, 时间: 6900 (ms)
中心点坐标(x,y): 509.0, 1582.0, 时间: 6933 (ms)
中心点坐标(x,y): 551.0, 1582.0, 时间: 6966 (ms)
中心点坐标(z,y): 586.0, 1582.0, 时间: 7000 (ms)
中心点坐标(x,y): 613.0, 1581.0, 时间: 7033 (ms)
中心点坐标(x,y): 630.0, 1581.0, 时间: 7066 (ms)
中心点坐标(x,y): 637.0, 1581.5, 时间: 7100 (ms)
中心点坐标(x,y): 632.0, 1582.0, 时间: 7133 (ma)
中心点坐标(x,y): 617.0, 1585.0, 时间: 7166 (ms)
```

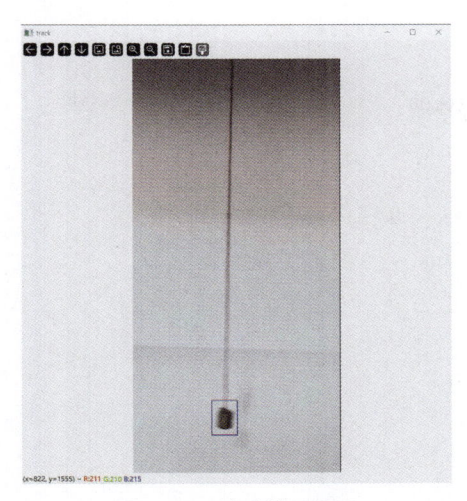

图3-3-3　追踪结果展示

学生思考：为什么这里计算的是中心点的坐标？

_____

_____

学习活动 四　单摆位置-时间信息可视化

根据单摆的运动特点，可知单摆小球在一个周期的运动轨迹如下：从某一极端位置（如左侧最高点）开始 → 通过平衡位置 → 到达另一侧极端位置（右侧最高点）→ 再次通过平衡位置 → 最终返回初始极端位置。请学生将上述运动轨迹中的几个关键位置对应的视频坐标信息进行总结，填写表3-3-2中的后两行。

表3-3-2　关键位置坐标信息记录表

关键位置	视频坐标信息
左侧最高点	X坐标最小，Y坐标最小
平衡位置	
右侧最高点	

将追踪到的各位置的X坐标、Y坐标和时间分别保存到列表x_list、y_list和time_list中。请学生在学习活动三的代码上进行修改，包括创建空列表和使用.append()在列表末尾添加元素。

参考：

```
31  #In[3]活动三
32  #创建并初始化追踪器
33  tracker = cv2.TrackerCSRT_create()
34  tracker.init(frame, bbox )
35  #创建空列表保存追踪数据(中心点坐标和时间)
36  x_list = []
37  y_list = []
38  time_list = []
39  #调整弹出窗口的大小
40  cv2.namedWindow('track', cv2.WINDOW_NORMAL)
41  #连续读取视频各帧
42  while True:
43      ret, frame = cap.read( )
44      if not ret:
45          break
46      #更新追踪器
47      success, bbox = tracker.update(frame)
48      if success:  #追踪成功
49          #计算中心点坐标
50          center_x = bbox[0] + bbox[2]/2
51          center_y = bbox[1] + bbox[3]/2
52          #获取当前时间
53          current_time = cap.get(cv2.CAP_PROP_POS_MSEC)
54          print(f"中心点坐标(x.y):{center_x}.{center_y}, 时间:{int(current_time)}(ms)")
55          #将中心点坐标和当前时间添加到列表中
56          x_list.append(center_x)
57          y_list.append(center_y)
58          time_list.append(current_time)
59          #在追踪成功的帧中框出物体
60          p1 = (int(bbox[0]), int(bbox[1]))
```

```
61            p2 = (int(bbox[0] + bbox[2]), int(bbox[1] + bbox[3]))
62            cv2.rectangle(frame, p1, p2, (255, 0, 0), 2)
63        else:#追踪失败
64            print('追踪失败')
65        cv2.imshow('track', frame)#展示这一帧的图像
66        cv2.waitKey(1)  #展示的持续时间为1ms
67 cv2.waitKey()  #按任意键结束展示
68 cv2.destroyAllWindows()  #关闭所有窗口
69 #所有操作结束后，释放视频
70 cap.release()
```

使用Python中的matplotlib库对中心点坐标和时间进行可视化，在代码起始位置中检查，是否添加导入库的代码import matplotlib.pyplot as plt。

设置绘图的横坐标为时间，数据点使用time_list，纵坐标为中心点坐标，数据点使用x_list和y_list。调用plt.plot()，设置绘图颜色、线条样式、数据点标记形状、线宽、标记大小、标签名称X Position和Y Position。设置坐标轴和图片标题信息，调整刻度，绘制刻度线，在图片右上角添加数据标签，自动调整布局，显示、保存图片。

学生阅读下列代码，总结matplotlib库中常用绘图函数的使用方法。

```
72 #In[4]活动四
73 #可视化
74 #绘制折线图(蓝色实线带数据点)
75 plt.plot(time_list, #横轴数据:时间
76         x_list, #纵轴数据:中心点x坐标
77         'b-o', #颜色、线条样式、数据点标记形状
78         linewidth=2, #线宽
79         markersize=8, #标记大小
80         label='X Position')
81 plt.plot(time_list, #横轴数据:时间
```

```
82              y_list,  #纵轴数据:中心点y坐标
83              'r-o',
84              linewidth=2,
85              markersize=8,
86              label='Y Position')
87
88 #坐标轴设置
89 plt.xlabel('Time(ms)', fontsize=12, fontweight='bold')
90 plt.ylabel('Position (pixels)', fontsize=12, fontweight='bold')
91 #图片标题设置
92 plt.title('Single pendulum ball position-time image',
   fontsize=14, pad=20)
93 #刻度优化
94 plt.xticks(fontsize=10, rotation=45)
95 plt.yticks(fontsize=10)
96 plt.grid(True, linestyle='--', alpha=0.7)
97 #自动调整刻度密度
98 plt.gca().xaxis.set_major_locator(plt.MaxNLocator(10))
99 plt.gca().yaxis.set_major_locator(plt.MaxNLocator(10))
100 #右上角添加数据标签
101 plt.legend(['x_pos', 'y_pos'], loc='upper right')
102 #自动调整布局
103 plt.tight_layout()
104 #保存或显示图表
105 save_flag = True
106 if save_flag:
107     plt.savefig('position_plot.png', dpi=300)
108 else:
109     plt.show()
110
```

运行结果如图3-3-4所示。

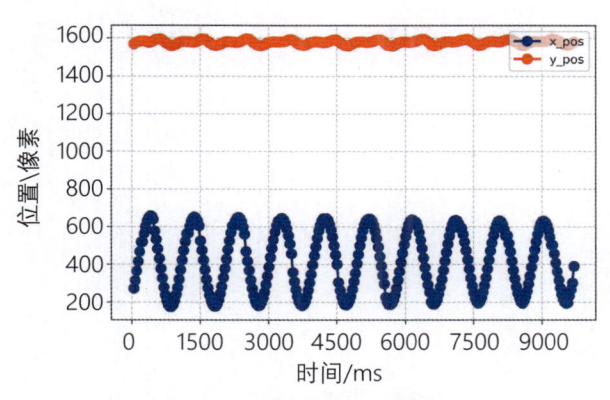

图3-3-4　单摆位置-时间图像

学习活动 五　计算单摆周期

从学习活动四的图像上，可以观测到单摆在x方向上的运动较为明显，因此选择中心点x坐标和时间进行周期计算，x坐标相邻两次达到极大值之间的时间差即为一个周期。注意：这里为极大值是因为在单摆实验中，空气阻力的存在会使得最高点逐渐下降。考虑到采样的离散性，初步将本活动中最高点x坐标的判断条件设置为同时大于等于左右4个相邻数据点（左2个，右2个）。具体操作如下，请学生完成对应代码。

① 首先判断追踪到的帧数，如果过少则表示视频过短。

② 循环主体：从第3个x坐标数据点开始遍历，即索引为2的点，检查x坐标值是否大于等于左右4个相邻数据点，如果满足，则将对应的索引添加到peaks列表中，遍历到倒数第3个数据点结束。

③ 使用Python中的numpy库进行时间差计算，在代码起始位置中检查，是否添加导入库的代码import numpy as np。调用np.array()将time_list列表转换为numpy类型，根据索引获取最高点对应的时间。

④ 调用np.diff()求取相邻最高点对应时间之差，单位为毫秒（ms）。考虑到可能有相邻两个x坐标相同的点，因此以两帧画面时间间隔的2倍作为对比基准，去除小于该基准的时间差，然后去除剩余时间差中的最大值和最小值，再调用np.mean()求平均值，作为单摆的周期。

完成代码后，学生尝试自己制作重物，拍摄单摆实验视频，并使用本活动的代码计算单摆周期。请学生思考：目标追踪技术还有哪些实际应用？

参考代码：

```python
#In[5]
#视频长度判断
n = len(x_list)
if n < 5:
    print('视频过短，数据不足')
    exit()
#存放最高点对应的索引
peaks = []
#从第3个点开始遍历(注意python索引从0开始，第3个点对应索引为2)
for i in range(2, n-2):
    #当前点
    current = x_list[i]
    #检查左侧两个点
    left_ok = current >= x_list[i-1] and current >= x_list[i-2]
    #检查右侧两个点
    right_ok = current >= x_list[i+1] and current >= x_list[i+2]
    #满足条件则对应索引添加到peaks列表
    if left_ok and right_ok:
        peaks.append(i)
print('最高点对应的索引', peaks)
#最高点对应的时间
peak_times = np.array(time_list)[peaks]
print('最高点对应的时间(ms)', np.round(peak_times, 2).tolist())
#保留两位小数输出
#求相邻两次最高点的时间差
cycles = np.diff(peak_times)
#过滤，去除时间差的最大值和最小值
time_interval = time_list[1] - time_list[0]  # 时间间隔
cycles = cycles[cycles >= (2 * time_interval)]
sorted_indices = np.argsort(cycles) #排序
filtered_indices = sorted_indices[1:-1] #排除最大值和最小值的索引
```

```
142 filtered_cycles = cycles[filtered_indices]
143 print('测量出的周期为', np.round(filtered_cycles,2).tolist())
144 #求均值
145 cycle = np.mean(filtered_cycles)
146 print('本实验单摆的周期为', cycle)
```

运行结果为：

最高点对应的索引[11, 40, 69, 98, 126, 127, 156, 183, 212, 241, 270]

最高点对应的时间(ms) [400.0, 1366.67, 2333.33, 3300.0, 4233.33, 4266.67, 5233.33, 6133.33, 7100.0, 8066.67, 9033.33]

测量出的周期为[933.33, 966.67, 966.67, 966.67, 966.67, 966.67, 966.671]

本实验单摆的周期为(ms) 961.9047428571429

参考文献

[1] Lukežic A, Vojír T, Zajc L C, et al. Discriminative Correlation Filter with Channel and Spatial Reliability [C] // 2017 IEEE Conference on Computer Vision and Pattern Recognition (CVPR), Honolulu, HI, USA, 2017：4847-4856.

[2] 张梦晗、吴培. 编程初体验：思维启蒙. 北京：化学工业出版社，2024.

[3] 马兰、高凯. 编程创新应用：从创客到人工智能. 北京：化学工业出版社，2024.

[4] 薛莲. 编程轻松学：ScratchJr. 北京：化学工业出版社，2024.

[5] 赵宇、李京. 编程趣味学：Scratch3.0. 北京：化学工业出版社，2024.

[6] 王立勇、贾然、陈涛，等. 现代传感器原理与应用. 北京：化学工业出版社，2024.